新疆伊犁

绿色食品农作物栽培技术规程

焦子伟　主编

中国农业科学技术出版社

图书在版编目（CIP）数据

新疆伊犁绿色食品农作物栽培技术规程 / 焦子伟主编. —北京：中国农业科学技术出版社，2020.8

ISBN 978-7-5116-4768-9

Ⅰ.①新… Ⅱ.①焦… Ⅲ.①作物—栽培技术—无污染技术—技术操作规程—伊犁哈萨克自治州 Ⅳ.①S31-65

中国版本图书馆 CIP 数据核字（2020）第 086146 号

责任编辑	周 朋 徐 毅
责任校对	贾海霞
出 版 者	中国农业科学技术出版社
	北京市中关村南大街12号　　邮编：100081
电 话	（010）82106643（编辑室）　（010）82109702（发行部）
	（010）82109709（读者服务部）
传 真	（010）82106631
网 址	http://www.castp.cn
经 销 者	各地新华书店
印 刷 者	北京建宏印刷有限公司
开 本	850mm×1 168mm　1/32
印 张	12.875
字 数	301千字
版 次	2020年8月第1版　2020年8月第1次印刷
定 价	58.00元

《新疆伊犁绿色食品农作物栽培技术规程》
编委会

主　　编：焦子伟

副 主 编：陈　蓉　李　敏　彭云承　王念平　张冬梅

编写人员（按姓氏拼音排序）

曹晓艳（伊宁县园艺开发中心）

陈　蓉（伊犁州农业技术推广总站）

陈晓露（伊犁师范大学）

崔宏亮（伊犁州农业科学研究所）

董世磊（伊犁州农业科学研究所）

候建伟（昭苏自治区级农业科技园区管理委员会）

焦子伟（伊犁师范大学）

李建伟（伊犁州草原工作站）

李　敏（新疆生产建设兵团第四师农科所）

刘秋琼（昭苏自治区级农业科技园区管理委员会）

任　磊（伊犁州农业科学研究所）

尼加提·乃合买提（昭苏自治区级农业科技园区管理委员会）

彭云承（伊犁州农业科学研究所）

孙清花（伊犁州林业科学研究院）

索小琴（新疆生产建设兵团第四师创锦农资）

唐　金（伊犁州林业科学研究院）

王念平（伊犁职业技术学院）

王　朴（新疆生产建设兵团第四师农科所）

王　新（新疆禾旺农业科技有限公司）

杨亮杰（昭苏自治区级农业科技园区管理委员会）

曾洪寿（巩留县农业技术推广站）

张冬梅（伊犁州农业技术推广总站）

赵贺新（新疆生产建设兵团第四师科学技术局）

主编简介

焦子伟，男，1973年出生，河南淮阳县人，生态学博士，教授，硕士生导师。毕业于中国农业大学资源与环境学院，现主要从事绿色、有机农业有害生物的综合调控、植物促生菌促生机理等方面的研究与示范工作。先后主持和参与国家、自治区、伊犁州科技攻关等相关项目20余项。获新疆维吾尔自治区、伊犁州科技进步奖7项，其中自治区一等奖1项、二等奖1项、三等奖2项，伊犁州一等奖1项、二等奖2项。发表SCI论文4篇，在国家核心期刊等刊物上发表论文50余篇，出版专业著作4部，发明专利3项和实用新型专利4项，参与编制60余项农业地方标准。2011年4月，获第五届新疆青年科技奖；2012年1月，被评为伊犁州直2011—2014年管理期拔尖人才；2014年入选新疆维吾尔自治区青年科技创新人才培养工程优秀青年科技人才；2017年入选新疆维吾尔自治区天山英才培养工程第二期第二层次人选。先后被新疆伊犁职业技术学院聘为农业工程系植物保护专业专业建设指导委员会专家，被新疆维吾尔自治区司法厅聘为新疆农林业司法鉴定所农林业司法鉴定人等。

　　伊犁哈萨克自治州地处我国西北边陲，是新疆维吾尔自治区（全书简称新疆）和全国向西开放的重要商埠和国际大通道，沿边境设有霍尔果斯、都拉塔、巴克图、吉木乃等8个国家一类开放口岸。第二次中央新疆工作座谈会提到，结合"一带一路"建设，将把伊犁州打造成向西开放的桥头堡和"一带一路"核心节点，地缘优势凸显。通常所讲的"伊犁"，是指伊犁州直区域（不含塔城、阿勒泰地区），下辖伊宁县、霍城县、察布查尔锡伯自治县、巩留县、特克斯县、昭苏县、尼勒克县、新源县、伊宁市、霍尔果斯市、奎屯市11个直属县（市），素有"塞外江南、中亚湿岛"之美称，属温带大陆性气候，自然环境独特，气候温和湿润，是新疆最湿润的地区。河谷内因光照、水热状况不同，地域差异明显，土壤主要有潮土、草甸土、黑钙土、栗钙土、灰钙土、亚高山草甸土等类型，土壤疏松肥沃，非常适宜各种农作物种植与生长。伊犁州直是新疆主要的牛、羊、马鹿等畜牧产业生产基地，每年所生产的有机肥源数量丰富，有机质含量高，能满足伊犁州直发展绿色农业所需的肥料需求。再加上伊犁州直工业化程度低，生态环境污染轻，环境本底值低，因此其具有发展绿色有机农业的各项有利条件。

根据我国"一带一路"建设和中央新疆工作会议的总体部署，中央、新疆维吾尔自治区也多次明确提出要把伊犁建设成为我国针对中亚地区科技辐射和影响的基地，新疆主要的畜产品和绿色、有机产业基地，出口产品集散和加工基地。伊犁州党委、政府高度重视，充分发挥资源优势，做实做强伊犁州直无公害、绿色、有机农产品产业。截至2017年年底，伊犁州直创建无公害绿色有机农产品基地面积398.56万亩，其中无公害农产品生产基地面积30.26万亩、绿色食品原料标准化生产基地面积364.5万亩、有机农产品生产基地面积3.8万亩；有效期内的无公害农产品、绿色食品、有机食品、农产品地理标志认证产品总数239个，其中无公害农产品125个、绿色食品72个、有机食品23个、农产品地理标志登记产品19个、获证产品实物总量达100余万吨。这些成果对提高绿色、有机产品质量，做大做强绿色有机产业，促进农牧业增收、企业增效和推动当地社会经济发展具有明显的推动作用。

针对新疆伊犁州直绿色食品农作物的栽培现状与产业发展概况，结合国家绿色食品相关标准和已有的成熟的关键栽培技术，伊犁师范大学组织伊犁州农业技术推广总站、伊犁州农科所、第四师农科所、伊犁州林业科学研究院、伊犁职业技术学院、昭苏自治区级农业科技园区管理委员会等单位组织长期从事农业生产一线的技术人员编写了《新疆伊犁绿色食品农作物栽培技术规程》一书，对新疆伊犁州直绿色食品农作物关键栽培技术进行了集成与配套，旨在指导伊犁州直绿色食品农作物栽培实践，为伊犁州直绿色食品农作物标准化、规范化示范推广提供技术支撑。也可为区内外广大农业科技工作者进行绿色食品农作物栽培研究、示范应用，以及广大农民朋友们科学种植提供可行的参考依据。

　　本书共分六篇，共制定绿色食品农作物技术规程47项。第一篇是粮食作物类，陈蓉编写了绿色食品小麦类栽培技术规程，任磊编写了绿色食品水稻类栽培技术规程，张冬梅编写了绿色食品玉米类栽培技术规程，彭云承和董世磊编写了绿色食品高粱栽培技术规程，焦子伟和王新编写了绿色食品豆类栽培技术规程，董世磊编写了绿色食品红薯栽培技术规程。第二篇是经济作物类，陈晓露编写了绿色食品亚麻和胡麻栽培技术规程，彭云承编写了绿色食品棉花和甜菜栽培技术规程，王念平编写了绿色食品向日葵类栽培技术规程，崔宏亮编写了绿色食品春油菜栽培技术规程；李敏和王朴编写了绿色食品其他经济作物类栽培技术规程。第三篇是饲料及绿肥作物类，李建伟编写了绿色食品饲草料类栽培技术规程，张冬梅编写了绿色食品饲料绿肥玉米类栽培技术规程，焦子伟编写了绿色食品绿肥大豆栽培技术规程。第四篇是药用作物类，彭云承编写了绿色食品红花栽培技术规程，曾洪寿编写了绿色食品伊贝母栽培技术规程，尼加提、侯建伟、刘秋琼和杨亮杰分别编写了绿色食品白芍、黄芪、党参和新疆紫草栽培技术规程。第五篇是林果作物类，唐金编写了绿色食品苹果和设施樱桃栽培技术规程，索小琴、孙清花和曹晓艳编写了绿色食品红地球葡萄、克瑞森无核葡萄和树上干杏栽培技术规程，赵贺新编写了绿色食品设施红地球葡萄栽培技术规程，曾洪寿编写了绿色食品树莓栽培技术规程，曹晓艳和孙清花编写了绿色食品西梅栽培技术规程。第六篇是绿色食品两种作物复播类，包括5项规程，由焦子伟和陈蓉编写。附录部分为我国绿色食品生产相关标准，由焦子伟和陈蓉收集与整理。焦子伟和陈蓉对全书进行了统稿与订正。

本书得到了伊犁州农业农村局以及其他相关涉农单位的大力支持与帮助，并受到新疆维吾尔自治区科技支疆项目（2017E0239）和新疆维吾尔自治区天山英才培养工程等项目的资助，在此表示衷心的感谢。

由于编者水平有限，编写时间仓促，书中错误在所难免，恳请广大读者批评指正，以便进一步充实完善。

焦子伟

2020年2月28日

目 录

第一篇　粮食作物类

绿色食品　禾谷类作物栽培技术规程

绿色食品　冬小麦栽培技术规程

1　范围

本规程规定了绿色食品A级冬小麦栽培的技术指标、产地要求、栽培技术、收获、包装与贮运的要求。

本规程适用于伊犁州直区域内绿色食品A级冬小麦的生产。

2　规范性引用文件

下列文件对于本文件的应用是必不可少的。凡是注日期的引用文件，仅所注日期的版本适用于本文件。凡是不注日期的引用文件，其最新版本（包括所有的修改单）适用于本文件。

GB 1351　小麦

GB 4404.1　粮食作物种子　第1部分：禾谷类

NY/T 391　绿色食品　产地环境质量

NY/T 393—2013　绿色食品　农药使用准则

NY/T 394—2013　绿色食品　肥料使用准则

NY/T 658 绿色食品 包装通用准则

NY/T 1056 绿色食品 贮藏运输准则

3 技术指标

基本苗：每亩①32万~36万株；

最高总茎数：每亩80万~90万株；

成穗数：每亩40万~45万株；

千粒重：40~45g；

产量：亩产450~500kg。

4 产地要求

4.1 环境条件

应符合NY/T 391的要求。

4.2 气候条件

无霜期110天以上，≥10℃积温2 200℃以上，年降水量330mm以上。

4.3 土壤条件

选择土壤肥力中等以上，耕层深厚，结构良好，地面平整，排灌良好，有机质含量≥2%，碱解氮含量≥60mg/kg，速效磷含量≥6mg/kg的壤土或沙壤土为宜。

---

① 1亩≈667m^2，15亩=1hm^2

5　栽培技术

5.1　播前准备

5.1.1　灌底墒水

每亩灌水量为80～100m³。灌水均匀，不冲不漏，保证灌水质量。

5.1.2　施基肥

肥料使用应符合NY/T 394的要求。每亩施优质腐熟有机肥2～3t、尿素10～12kg、磷酸二铵15～18kg、钾肥4～6kg等相同量的肥料。有机肥与化肥翻混施，翻地前均匀地撒于地面。若施用生物菌肥，化肥总量应减少10%～15%。

5.1.3　深翻

茬地、休闲地、绿肥地均要深耕，耕深25～30cm。秋翻地用旋耕机整地即可，深度以20cm为宜。

5.1.4　整地

整地质量要达到"平、松、碎、齐、净、墒"六字标准。

5.1.5　选用良种

种子质量应符合GB 4404.1的要求，选择品质好、抗病、抗倒、适应性强的品种，主要以新冬41号、新冬42号、新冬52号、伊农21号、伊农18号等为主。

5.1.6　种子处理

5.1.6.1　针对小麦锈病

每100kg种子用25%戊唑醇可湿性粉剂100～200g等药剂拌种。

5.1.6.2 针对小麦雪腐雪霉病

每100kg种子用2.5%咯菌腈悬浮种衣剂200mL等药剂拌种。

5.2 播种

5.2.1 播种期

最适播期为9月26日至10月10日。

5.2.2 播种量

每亩播种量为20kg，"干播湿出"、播期略晚、整地质量和土壤墒情较差的地块要适当加大播量。早播可适当减少播量，每早播1天，每亩减量0.3～0.5kg；晚播适当加大播种量，每晚播1天，每亩加量0.3～0.5kg；每亩播种量最低不低于16kg，最高不超过25kg。

5.2.3 播种方法

采用机械沟播，行距15cm，播深3～4cm。

5.2.4 带肥下种

带肥下种播种时，每亩施种肥磷酸二铵5～8kg等相同量的肥料。肥、种分箱分施，肥与种子不得混合。

5.2.5 播种质量

达到播深一致，下种均匀，播行端直，覆土严密，镇压严实。

5.3 田间管理

5.3.1 查苗补种

小麦齐苗后，对于因机播时因排种管堵塞而造成的较大面积漏播的空地和空行，应进行催芽补种。

5.3.2　冬前管理

5.3.2.1　浇越冬水

在11月中旬浇越冬水，每亩灌水量为60～70m³。

5.3.2.2　化控

对生长过旺的麦田，每亩喷施15%多效唑可湿性粉剂50～60mL，兑水30kg喷雾。

5.3.2.3　防牲畜啃青

严禁牲畜在麦田啃青。

5.3.3　返青至拔节期管理

5.3.3.1　春耙

小麦进入返青期时，一般在3月中旬，此时应及时春耙，耙深4～6cm。

5.3.3.2　因苗追肥

对冬前每亩总茎数不足40万株、麦苗长势弱的麦田和晚播麦田，结合灌水，每亩追施尿素5～8kg。

5.3.3.3　化控

在返青至拔节前，每亩喷施15%多效唑可湿性粉剂50～60mL，兑水30kg喷雾；或喷施50%矮壮素乳油150g，兑水20～30kg喷雾，防止旺长麦田后期倒伏。

5.3.3.4　除草

在3月底及时除草。每亩用15%炔草酯可湿性粉剂20～25g或70%氟唑磺隆水分散粒剂60～80mL，兑水30kg喷雾，防除禾本科杂草。每亩用20%氯氟吡氧乙酸乳油50～66mL，或50g/L双氟磺草胺悬浮剂20mL+56% 2甲4氯钠可溶粉剂40g等药剂，兑水30kg喷雾，防除阔叶杂草。

5.3.3.5 灌头水

在4月中旬当日平均温度稳定达到10℃以上时，小麦进入拔节期。此时应及时灌小麦的第一水，每亩灌水量为60~70m³。

5.3.3.6 追肥

结合小麦头水，每亩追施尿素10kg等相同量的肥料。

5.3.4 孕穗至抽穗期管理

5.3.4.1 灌水

在孕穗期灌第二次水，每亩灌水量为60~70m³。

5.3.4.2 追肥

结合二水，每亩追施尿素5~8kg等相同量的肥料。

5.3.4.3 叶面喷肥

每亩喷施95%磷酸二氢钾50~80g等相同量的叶面喷施肥料，兑水30kg喷雾。

5.3.5 扬花至成熟期管理

5.3.5.1 灌水

在扬花后12~15天，灌第三次水，每亩灌水量为60~80m³。

5.3.5.2 去草、去劣

要及时进行人工拔除大草和去杂去劣工作，促进小麦正常生长。

5.3.5.3 叶面喷肥

在灌浆初期，每亩喷施95%磷酸二氢钾150~180g等相同量的叶面喷施肥料，兑水30kg喷雾。

5.3.5.4 灌麦黄水

在成熟前10~15天灌麦黄水，每亩灌水量为70~80m³。

5.4 病虫害防治

5.4.1 施药原则

农药使用应符合NY/T 393的要求。

5.4.2 综合防治

坚持"预防为主，综合防治"植保方针，以农业防治为基础，协调运用生物防治、物理防治、化学防治等防治技术，以期实现病虫害绿色防控。

5.4.3 植物检疫

实行严格的检疫制度，分别对本地冬小麦制种田、外地调进的冬麦种子实行产地检疫和调运检疫，确保冬小麦种子无检疫性有害生物。

5.4.4 农业防治

实行严格的轮作制度，与非禾本科作物进行轮作。选用抗病品种。铲除田边地头和渠埂上杂草和自生麦苗，降低越冬虫口和病源基数。培育壮苗，提高抗逆性。增施充分腐熟的有机肥料，配以叶面追肥，均衡施肥。

5.4.5 物理防治

采用灯光诱杀、色板（带）诱条或性诱剂等物理诱捕，控制鳞翅目、同翅目害虫。

5.4.6 生物防治

积极保护利用天敌昆虫，如七星瓢虫、草蛉等，控制蚜虫为害。

5.4.7 化学防治

5.4.7.1 防治蚜虫

在百株蚜虫量达500头以上时，每亩用10%吡虫啉可湿性粉剂6～10g或5%天然除虫菊素乳油25mL等药剂喷雾。

5.4.7.2 防治白粉病、锈病

在发病初期，每亩用35%甲硫·氟环唑悬浮剂93～100mL，或25%丙环唑乳油30～40mL，或80%戊唑醇水分散粒剂6g，或20%三唑酮乳油1 000倍液，或80%粉唑醇可湿性粉剂6～10g等药剂喷雾。各种药剂轮换交替使用。

6 收获

6.1 采收

在小麦蜡熟期，颖壳变黄、变干时，及时收获、归仓。如品种不同，应做到单收、单晒、单贮。

6.2 产品质量

应符合GB 1351的规定。

7 包装与贮运

7.1 包装

应符合NY/T 658的要求。

7.2 贮运

应符合NY/T 1056的要求。

绿色食品　春小麦栽培技术规程

1　范围

本规程规定了绿色食品A级春小麦栽培的技术指标、产地要求、栽培技术、收获、包装与贮运。

本规程适用于伊犁州直区域绿色食品A级春小麦的生产。

2　规范性引用文件

下列文件对于本文件的应用是必不可少的。凡是注日期的引用文件，仅所注日期的版本适用于本文件。凡是不注日期的引用文件，其最新版本（包括所有的修改单）适用于本文件。

GB 1351　小麦

GB 4404.1　粮食作物种子　第1部分：禾谷类

NY/T 391　绿色食品　产地环境质量

NY/T 393—2013　绿色食品　农药使用准则

NY/T 394—2013　绿色食品　肥料使用准则

NY/T 658　绿色食品　包装通用准则

NY/T 1056　绿色食品　贮藏运输准则

3　技术指标

基本苗：每亩40万～45万株；

最高总茎数：每亩60万～70万株；

成穗数：每亩38万～42万株；

穗粒数：每穗35～38粒；

千粒重：40～43g；

产量：亩产400～450kg。

4 产地要求

4.1 环境条件

应符合NY/T 391的要求。

4.2 土壤条件

选择土壤肥力中上等，耕层深厚，结构良好，地面平整，排灌良好，有机质含量≥1.5%，碱解氮含量≥60mg/kg，速效磷含量≥6mg/kg的壤土或沙壤土为宜。

5 栽培技术

5.1 播前准备

5.1.1 施基肥

肥料使用应符合NY/T 394的要求。在翻耕前，每亩施优质腐熟有机肥2～3t、尿素8～10kg、磷酸二铵12～15kg、钾肥4～6kg等相同量的肥料。有机肥与化肥混施，均匀撒于地面。

5.1.2 秋翻冬灌

实行秋翻冬灌，耕深25～30cm，每亩灌水量为80～100m³。灌足底墒水，灌水均匀，不冲不漏，保证灌水质量。

5.1.3　整地

开春后及时整地，整地质量要达到"平、松、碎、齐、净、墒"六字标准。

5.1.4　选用良种

种子质量应符合GB 4404.1的要求，选择品质好、抗病、抗倒、适应性强的春小麦品种，以宁春16号、新春27号等为主。

5.1.5　种子处理

针对小麦锈病、白粉病、赤霉病，每100kg种子用25%戊唑醇可湿性粉剂100～200g，或25%多菌灵可湿性粉剂200～300g，或15%三唑酮可湿性粉剂200～300g等药剂拌种。

5.2　播种

5.2.1　播种期

适期早播。当开春土壤表层冻解5cm时播种。播种期一般在3月中下旬，冷凉地区适播期为4月下旬至5月上旬。

5.2.2　播种量

每亩播种量为25～30kg。

5.2.3　播种方法

机械条播，等行距播种，行距15cm，播深3～4cm。

5.2.4　带肥下种

带肥下种播种时，每亩施种肥磷酸二铵5～8kg。肥、种分箱分施，肥与种子不得混合。施肥深度8～10cm。

5.2.5 播种质量

达到播深一致，下种均匀，播行端直，覆土严密，镇压严实。

5.3 田间管理

5.3.1 灌水

全生育期灌水4～5次。在春小麦2叶1心时灌头水，二水要紧跟上，间隔10～15天，每亩灌水量为60～70m³。在二水后，间隔15～20天灌三水，每亩灌水量为70～80m³。在小麦扬花后15天灌四水，每亩灌水量为70～80m³。在收获前15～20天最后灌一次麦黄水。避免在高温天气和大风天气灌水，防止倒伏。

5.3.2 追肥

结合灌头水，每亩追施尿素5kg等相同量的肥料；结合灌二水，每亩追施尿素10kg等相同量的肥料。

5.3.3 除草

每亩用15%炔草酯可湿性粉剂20～25g，或70%氟唑磺隆水分散粒剂60～80mL，兑水30kg喷雾，防除禾本科杂草。

每亩用20%氯氟吡氧乙酸乳油50～66mL，或50g/L双氟磺草胺悬浮剂20mL+56% 2甲4氯钠可溶粉剂40g等药剂，兑水30kg喷雾，防除阔叶杂草。

5.3.4 化控

在拔节前，每亩用15%多效唑可湿性粉剂50～60mL兑水30kg喷雾，或50%矮壮素乳油150g兑水20～30kg喷雾，预防后期倒伏。

5.3.5　叶面喷肥

在春小麦抽穗至灌浆期，每亩喷施99%磷酸二氢钾100～150g等相同量的叶面喷施肥料，加植物生长调节剂混合液，兑水30kg叶面喷施1～2次。

5.4　病虫害防治

5.4.1　施药原则

农药使用应符合NY/T 393的要求。

5.4.2　综合防治

坚持"预防为主，综合防治"植保方针，以农业防治为基础，协调运用生物防治、物理防治、化学防治等防治技术，以期实现病虫害绿色防控。

5.4.3　植物检疫

实行严格的检疫制度，从外地调进的春小麦种子应实行产地检疫和调运检疫，确保种子无检疫性有害生物。

5.4.4　农业防治

实行严格的轮作制度，与非禾本科作物进行轮作。选用抗病品种。铲除田边地头和渠埂上杂草和自生麦苗，降低越冬虫口和病源基数。培育壮苗，提高抗逆性。增施充分腐熟的有机肥料，配以叶面追肥，均衡施肥。

5.4.5　物理防治

采用灯光诱杀、色板（带）诱条或性诱剂等物理诱捕，控制鳞翅目、同翅目害虫。

5.4.6 生物防治

积极保护利用天敌昆虫，如七星瓢虫、草蛉等，控制蚜虫为害。

5.4.7 化学防治

5.4.7.1 防治蚜虫

当百株蚜虫量达500头以上时，每亩用10%吡虫啉可湿性粉剂6g～10g，或5%天然除虫菊素乳油25mL等药剂喷雾。

5.4.7.2 防治白粉病、锈病

在发病初期，每亩用35%甲硫·氟环唑悬浮剂93～100mL，或25%丙环唑乳油30～40mL，或80%戊唑醇水分散粒剂6g，或20%三唑酮乳油1 000倍液，或80%粉唑醇可湿性粉剂6～10g等药剂喷雾。各种药剂轮换交替使用。

5.4.7.3 防治赤霉病

在小麦扬花后3～5天，每亩用50%多菌灵可湿性粉剂100g，或70%甲基硫菌灵可湿性粉剂50～75g等药剂喷雾。

6 收获

6.1 采收

在小麦蜡熟期后及时机械收获、归仓。

6.2 产品质量

应符合GB 1351的要求。

7 包装与贮运

7.1 包装

应符合NY/T 658的要求。

7.2 贮运

应符合NY/T 1056的要求。

绿色食品 冬播黑小麦栽培技术规程

1 范围

本规程规定了绿色食品A级冬播黑小麦栽培的技术指标、产地要求、栽培技术、收获、包装与贮运的技术要求。

本规程适用于伊犁州直区域内绿色食品A级冬播黑小麦的生产。

2 规范性引用文件

下列文件对于本文件的应用是必不可少的。凡是注日期的引用文件，仅所注日期的版本适用于本文件。凡是不注日期的引用文件，其最新版本（包括所有的修改单）适用于本文件。

GB 1351 小麦

GB 4404.1 粮食作物种子 第1部分：禾谷类

NY/T 391 绿色食品 产地环境质量

NY/T 393—2013 绿色食品 农药使用准则

NY/T 394—2013 绿色食品 肥料使用准则

NY/T 658 绿色食品 包装通用准则

NY/T 1056 绿色食品 贮藏运输准则

3 技术指标

基本苗：每亩32万～36万株；

最高总茎数：每亩80万～90万株；

成穗数：每亩40万～45万株；

千粒重：40～42g；

产量：亩产450～500kg。

4 产地要求

4.1 环境条件

应符合NY/T 391的要求。

4.2 气候条件

无霜期110天以上，≥10℃积温2 200℃以上，年降水量330mm以上。

4.3 土壤条件

选择耕层深厚，结构良好，地面平整，排灌良好，有机质含量≥2%，碱解氮含量≥60mg/kg，速效磷含量≥6mg/kg的壤土或沙壤土为宜。

5 栽培技术

5.1 播前准备

5.1.1 灌底墒水

播前灌好底墒水，每亩灌水量为80～100m³，灌水均匀，不冲不漏，保证灌水质量。

5.1.2 施基肥

肥料使用应符合NY/T 394的要求，每亩施腐熟有机肥2～3t、尿素10～12kg、磷酸二铵15～18kg等相同量的肥料。有机肥与化肥混施，翻地前均匀地撒于地面。

5.1.3 深翻

茬地、休闲地、绿肥地均要深耕，耕深25～30cm。秋翻地用旋耕机整地即可，深度以20cm为宜。

5.1.4 整地

整地质量要达到"平、松、碎、齐、净、墒"六字标准。

5.1.5 选用良种

种子质量应符合GB 4404.1的规定，选择品质好、抗病、抗倒、适应性强的品种，如冬黑1号等。

5.2 播种

5.2.1 播种期

最适播期为9月25日至10月15日。

5.2.2 播种量

每亩播种量为20kg；晚播小麦可增加播种量，但每亩不超过25kg。

5.2.3 播种方法

采用机械畦播或沟播，行距15cm，播深3～4cm。

5.2.4　带肥下种

带肥下种播种时，每亩施种肥磷酸二铵4~6kg。肥、种分箱分施，肥与种子不得混合。

5.2.5　播种质量

达到播深一致，下种均匀，播行端直，覆土严密，镇压严实。

5.3　田间管理

5.3.1　查苗补种

小麦齐苗后，对于因机播时排种管堵塞而造成的较大面积漏播的空地和空行，应进行催芽补种。

5.3.2　冬前管理

入冬前小麦需冬灌，一般在11月中旬，每亩灌水量为$60~70m^3$。

5.3.3　返青至拔节期管理

5.3.3.1　春耙

小麦进入返青期时，一般在3月中旬，此时应及时进行春耙，耙深4~6cm。

5.3.3.2　除草

在3月底及时除草。每亩用15%炔草酯可湿性粉剂20~25g，或70%氟唑磺隆水分散粒剂60~80mL，兑水30kg喷雾，防除禾本科杂草。每亩用20%氯氟吡氧乙酸乳油50~66mL，或50g/L双氟磺草胺悬浮剂20mL+56% 2甲4氯钠可溶粉剂40g等药剂，兑水30kg喷雾，防除灰绿藜、田旋花等阔叶杂草。

5.3.3.3 灌水

在4月中旬当日平均温度稳定达到10℃以上时，小麦进入拔节期，应及时灌小麦的第一水，每亩灌水量为55～60m³，采取畦灌或细流沟灌。

5.3.3.4 追肥

结合灌水，每亩追施尿素8～12kg等相同量的肥料。

5.3.4 孕穗期管理

5.3.4.1 灌水

在孕穗期灌第二次水，每亩灌水量为60～70m³。

5.3.4.2 追肥

结合二水，每亩追施尿素5～8kg等相同量的肥料。

5.3.5 扬花成熟期管理

5.3.5.1 灌水

在扬花后12～15天灌第三次水，每亩灌水量为55～60m³。

5.3.5.2 去草、去劣

要及时进行人工拔除大草和去杂去劣工作，促进小麦正常生长。

5.3.5.3 叶面喷肥

在灌浆初期，每亩用95%磷酸二氢钾150～180g等相同量的叶面喷施肥料，兑水30kg喷雾。

5.4 病虫害防治

5.4.1 施药原则

农药使用应符合NY/T 393的要求。

5.4.2 综合防治

坚持"预防为主,综合防治"植保方针,以农业防治为基础,协调运用生物防治、物理防治、化学防治等防治技术,以期实现病虫害绿色防控。

5.4.3 植物检疫

实行严格的检疫制度,分别对本地冬播黑小麦制种田、外地调进的冬麦种子实行产地检疫和调运检疫,确保冬播黑小麦种子无检疫性有害生物。

5.4.4 农业防治

实行严格的轮作制度,与非禾本科作物进行轮作。选用抗病品种。铲除田边地头和渠埂上杂草和自生麦苗,降低越冬虫口和病源基数。培育壮苗,提高抗逆性。增施充分腐熟的有机肥料,配以叶面追肥,均衡施肥。

5.4.5 物理防治

采用灯光诱杀、色板(带)诱条或性诱剂等物理诱捕,控制鳞翅目、同翅目害虫。

5.4.6 生物防治

积极保护利用天敌昆虫如七星瓢虫、草蛉等,控制蚜虫为害。

5.4.7 化学防治

5.4.7.1 蚜虫防治

用0.3%印楝素乳油500倍液,或10%吡虫啉可湿性粉剂2 000~3 000倍液,或1.8%啶虫脒乳油2 000~3 000倍液等药剂喷雾。

5.4.7.2 白粉病、锈病防治

在发病初期，每亩用35%甲硫·氟环唑悬浮剂93～100mL，或25%丙环唑乳油30～40mL，或80%戊唑醇水分散粒剂6g，或20%三唑酮乳油1 000倍液，或80%粉唑醇可湿性粉剂6～10g等药剂喷雾。各种药剂轮换交替使用。

6 收获

6.1 采收

小麦蜡熟期以后，在颖壳变黄、变干时，及时机械收割。

6.2 产品质量

应符合GB 1351的要求。

7 包装与贮运

7.1 包装

应符合NY/T 658的要求。

7.2 贮运

应符合NY/T 1056的要求。

绿色食品 春播黑小麦栽培技术规程

1 范围

本规程规定了绿色食品A级春播黑小麦栽培的技术指标、产地要求、栽培技术、收获、包装与贮运的技术要求。

本规程适用于伊犁州直区域绿色食品A级春播黑小麦的生产。

2 规范性引用文件

下列文件对于本文件的应用是必不可少的。凡是注日期的引用文件，仅所注日期的版本适用于本文件。凡是不注日期的引用文件，其最新版本（包括所有的修改单）适用于本文件。

GB 1351 小麦

GB 4404.1 粮食作物种子 第1部分：禾谷类

NY/T 391 绿色食品 产地环境质量

NY/T 393—2013 绿色食品 农药使用准则

NY/T 394—2013 绿色食品 肥料使用准则

NY/T 658 绿色食品 包装通用准则

NY/T 1056 绿色食品 贮藏运输准则

3 技术指标

基本苗：每亩40万～45万株；

最高总茎数：每亩60万～70万株；

成穗数：每亩38万～42万株；

穗粒数：每穗35～38粒；

千粒重：40～43g；

产量：亩产400～450kg。

4 产地要求

4.1 环境条件

应符合NY/T 391的要求。

4.2 土壤条件

选择耕层深厚，结构良好，地面平整，排灌良好，有机质含量≥1.5%，碱解氮含量≥60mg/kg，速效磷含量≥6mg/kg的壤土或沙壤土为宜。

5 栽培技术

5.1 播前准备

5.1.1 施基肥

肥料使用应符合NY/T 394的要求。在翻耕前，每亩施腐熟的有机肥1～2t、磷酸二铵（或用三料磷或磷酸一铵）20kg、尿素15kg等相同量的肥料。有机肥与化肥混施，均匀撒于地面。

5.1.2　秋翻冬灌

实行秋翻冬灌，耕深25~30cm，每亩灌水量为80~100m³。灌足底墒水，灌水均匀，不冲不漏，保证灌水质量。

5.1.3　整地

开春后及时整地，整地质量要达到"平、松、碎、齐、净、墒"六字标准。

5.1.4　选用良种

种子质量应符合GB 4404.1的要求，选择品质好、抗病、抗倒、适应性强的春黑小麦品种，以宁春46号等为主。

5.1.5　种子处理

针对小麦锈病、白粉病、赤霉病，每100kg种子用25%戊唑醇可湿性粉剂100~200g，或25%多菌灵可湿性粉剂200~300g，或15%三唑酮可湿性粉剂200~300g等药剂拌种。

5.2　播种

5.2.1　播种期

适期早播。当开春土壤表层冻解5cm时播种。播种期一般在3月中下旬为宜。冷凉地区适播期为4月下旬至5月上旬。

5.2.2　播种量

每亩播种量为25~30kg。

5.2.3　播种方法

机械条播，等行距播种，行距15cm，播深4~5cm，畦宽因地制宜采用90cm、120cm、180cm均可。

5.2.4 播种质量

要求播行端直，行距准确，下种均匀，播深一致，保证苗齐苗全。

5.3 田间管理

5.3.1 灌水

全生育期灌水4～5次。在春小麦2叶1心时灌头水，二水要紧跟上，间隔10～15天，每亩灌水量为60～70m³。在二水后，间隔15～20天灌三水，每亩灌水量为70～80m³。在小麦扬花后15天灌四水，每亩灌水量为70～80m³。在收获前15～20天最后灌一次麦黄水。避免在高温天气和大风天气灌水，防止倒伏。

5.3.2 追肥

结合灌头水，每亩追施尿素5kg等相同量的肥料；结合灌二水，每亩追施尿素10kg等相同量的肥料。

5.3.3 除草

每亩用15%炔草酯可湿性粉剂20～25g，或70%氟唑磺隆水分散粒剂60～80mL，兑水30kg喷雾，防除禾本科杂草。

每亩用20%氯氟吡氧乙酸乳油50～66mL，或50g/L双氟磺草胺悬浮剂20mL+56% 2甲4氯钠可溶粉剂40g等药剂，兑水30kg喷雾，防除阔叶杂草。

5.3.4 化控

在拔节前，每亩用15%多效唑可湿性粉剂50～60mL兑水30kg喷雾，或50%矮壮素乳油150g兑水20～30kg喷雾，预防后期倒伏。

5.3.5　叶面喷肥

在春小麦抽穗至灌浆期，每亩喷施99%磷酸二氢钾100～150g等相同量的叶面喷施肥料，加植物生长调节剂混合液，兑水30kg叶面喷施1～2次。

5.4　病虫害防治

5.4.1　施药原则

农药使用应符合NY/T 393的要求。

5.4.2　综合防治

坚持"预防为主，综合防治"植保方针，以农业防治为基础，协调运用生物防治、物理防治、化学防治等防治技术，以期实现病虫害绿色防控。

5.4.3　植物检疫

实行严格的检疫制度，从外地调进的春黑小麦种子实行产地检疫和调运检疫，确保种子无检疫性有害生物。

5.4.4　农业防治

实行严格的轮作制度，与非禾本科作物进行轮作。选用抗病品种。铲除田边地头和渠埂上杂草和自生麦苗，降低越冬虫口和病源基数。培育壮苗，提高抗逆性。增施充分腐熟的有机肥料，配以叶面追肥，均衡施肥。

5.4.5　物理防治

采用灯光诱杀、色板（带）诱条或性诱剂等物理诱捕，控制鳞翅目、同翅目害虫。

5.4.6 生物防治

积极保护利用天敌昆虫如七星瓢虫、草蛉等，控制蚜虫为害。

5.4.7 化学防治

5.4.7.1 防治蚜虫

用0.3%印楝素乳油500～600倍液，或10%吡虫啉可湿性粉剂2 000～3 000倍液，或1.8%啶虫脒乳油2 000～3 000倍液等药剂喷雾。

5.4.7.2 防治白粉病、锈病

在发病初期，每亩用35%甲硫·氟环唑悬浮剂93～100mL，或25%丙环唑乳油30～40mL，或80%戊唑醇水分散粒剂6g，或20%三唑酮乳油1 000倍液，或80%粉唑醇可湿性粉剂6～10g等药剂喷雾。各种药剂轮换交替使用。

6 收获

6.1 采收

在黑小麦蜡熟后期收获。在穗下节间呈金黄色、穗下第一节间呈微绿色、籽粒饱满成熟、含水量达20%～30%时，及时机械收获。

6.2 产品质量

应符合GB 1351的要求。

7 包装与贮运

7.1 包装

应符合NY/T 658的要求。

7.2 贮运

应符合NY/T 1056的要求。

绿色食品 水稻栽培技术规程

1 范围

本规程规定了绿色食品A级水稻的技术指标、产地要求、秧田管理、本田管理、收获、包装与贮运的要求。

本规程适合于伊犁州直区域内绿色食品A级水稻的生产。

2 规范性引用文件

下列文件对于本文件的应用是必不可少的。凡是注日期的引用文件，仅所注日期的版本适用于本文件。凡是不注日期的引用文件，其最新版本（包括所有的修改单）适用于本文件。

GB/T 17891 优质稻谷

GB 4404.1 粮食作物种子 第1部分：禾谷类

NY/T 391 绿色食品 产地环境质量

NY/T 393—2013 绿色食品 农药使用准则

NY/T 394—2013 绿色食品 肥料使用准则

NY/T 658 绿色食品 包装通用准则

NY/T 1056 绿色食品 贮藏运输准则

3 技术指标

基本苗：每亩8.5万～12万株；

成穗数：每亩32万～36万穗；

产量：每亩650～750kg。

4 产地要求

应符合NY/T 391的要求。选择土地平整、土层深厚，土壤有机质含量≥1%，碱解氮含量≥60mg/kg，速效磷含量≥12mg/kg的田块为宜。

5 秧田管理

5.1 秧田选择

选择地势平坦、背风向阳、排灌良好、土壤肥沃的田块，连年培肥地力。秧本田比例按1∶（100～120）进行。因秧田期短，春季气温又低，底肥的施用以速效肥为好。

5.2 拱棚秧盘育苗

5.2.1 秧床制作

一般采用水整地。先把秧田地打埂，施足肥料，然后放水浸泡，保留浅水层，拖拉机进水旋耕1～2遍，泥面要软、平、净。

沉田2～3天后排干水层，起沟做畦。小拱棚的做畦方法是畦面宽1.4m，沟宽0.7～0.8m，挖沟内泥浆铺于畦面高1～2cm，抹平抹光，床面无积水，达到"下松上糊、沟深畦平、肥足草净"的要求。

5.2.2 营养土制备

用壮秧剂（N、P、K含量≥15%，Zn含量≥0.2%）配制床土。按壮秧剂使用说明，将过筛细土按比例和壮秧剂充分混拌。

5.2.3 放盘

畦面一侧拉线摆置秧盘，秧盘之间无缝隙，使用人工或机械将营养土均匀施在秧盘内。土面平齐，高度与秧盘高度一致。

5.3 种子处理

5.3.1 选种及种子质量

选择抗逆性强、优质丰产、适合当地的品种，如新稻42号、新稻43号、新稻46等品种。种子质量应符合GB 4404.1的要求。

5.3.2 种子处理

晒种：晴天晒种1~2天。

筛选：筛出草籽和杂质，提高种子净度。

浸种消毒：使用15%噁霉灵水剂或15%噁霉灵可湿性粉剂1 000~1 500倍液，或30%噁霉灵水剂2 000~3 000倍液，或70%噁霉灵可湿牲粉剂4 000~6 000倍液等浸种。

催芽：将浸好的种子放在30~32℃的条件下破胸。破胸露白达80%时，摊开晾种待播。

5.4 播种

5.4.1 播种期

当日平均气温稳定达到7℃以上，即在4月初至4月底拱棚育秧；在日平均气温稳定达到12~14℃时，进行直播与撒播。

5.4.2 播种方法

机插标准秧盘育苗：每盘播催芽种子180~200g。

常规育苗：每平方米播催芽种子180～250g。播后及时覆土，以盖严种子为准。

5.5　苗床管理

5.5.1　温度控制

播种到出苗：以密封保温为主，棚温控制在30～32℃。

出苗至1叶1心期：棚温25～28℃，并开始小孔通风。

1叶1心期至2叶1心期：棚温20～25℃，逐步增加通风量，严防高温烧苗和徒长。

2叶1心期至3叶1心期：棚温控制在20℃，根据天气情况揭盖薄膜，锻炼秧苗，逐步适应外界气候条件。

5.5.2　适时灌水

出苗后发现床土表面发白、秧苗叶尖吐水少或不吐水、稻叶在中午卷曲，表明秧苗明显缺水。要在早晚浇水，1次浇透，切忌泼水和用井水直接浇灌。

5.5.3　防治立枯病

在发病初期，叶面喷施甲霜·噁霉灵1 500～2 000倍液。喷药12h后，要及时灌大水或抓紧移栽。

5.5.4　苗床追肥

在2叶1心期后，每平方米用尿素10～15g等相等量肥料，稀释100倍叶面喷施。喷后及时用清水喷洒冲洗。

5.5.5　秧苗标准

5.5.5.1　机械插秧苗

秧龄28～30天，叶龄3叶1心期至4叶期，即可插秧。

5.5.5.2 人工插秧苗

秧龄30～35天，叶龄4叶1心期至5叶期，即可插秧。

6 本田管理

6.1 插秧前准备

6.1.1 耕翻整地

秋翻地耕深18～20cm，翻后要及时粗耙；春翻地应在土壤化冻时抓紧早翻或旋耕。翻耕后实施旱耙、旱整平、旱做田埂。及时灌水泡田，于水稻插秧前3～5天进行水整地，整平耙细，田内达到高低差3～25cm，肥水不排出。

6.1.2 施基肥

在耙地前，每亩施腐熟的有机肥1 000～1 500kg，或油渣80～150kg、磷酸二铵或重过磷酸钙10～15kg、硫酸钾5～8kg。盐碱地每亩增施硫酸锌0.7～1kg等相同量的肥料。

6.1.3 土壤封闭

选择低毒高效的化学除草剂进行土壤封闭，每亩用25%噁草酮乳油等150～200g在插秧前做土壤封闭，防除稗草和部分阔叶杂草。

6.2 插秧

6.2.1 插秧时期

以当地日平均气温稳定高于12℃时开始插秧，5月上旬至5月下旬结束。

6.2.2　插秧方式

机插以行株距28cm×11cm为主的多行插秧机插秧，每平方米24～26穴。水整地在3～4天沉实后插秧，不可随整地随插秧。

人工插秧，行株距25cm×12cm，每穴插秧4～6株，每平方米26～28穴。

6.3　田间管理

6.3.1　合理追肥

返青分蘖肥：在返青后，每亩施尿素5～6kg等相同量的肥料；间隔7～10天，施分蘖肥，每亩施尿素5～8kg等相同量的肥料；间隔7～10天，在分蘖拔节期，每亩施尿素4～6kg等相同量的肥料。

穗肥：晒田复水3～5天后，如稻色淡黄，每亩施磷酸二铵5～6kg等相同量的肥料。如稻色深绿，可不施用。

6.3.2　节水灌溉

插秧时，地面保持薄水层；插秧后，灌水护苗，水层为苗高的1/2～1/3；返青后至8叶分蘖初期，水层为2cm，促进分蘖。9叶至10叶期，灌4～6cm活水；10叶期后，采用干湿交替灌水；剑叶抽出时，灌水至水层为5～7cm（如遇17℃以下低温，要灌15cm深水防御冷害，冷害过后恢复原来水层深度）；抽穗灌浆后，进行间歇灌溉；蜡熟期开始撤水。

6.3.3　病虫草害防治

6.3.3.1　施药原则

农药使用应符合NY/T 393的要求。

6.3.3.2 除草

选择低毒高效的化学除草剂进行化学除草。在移栽后5～7天，每亩用50%二氯喹磷酸可湿性粉剂45～55g+二甲·灭草松水剂140～160g等防治稗草、三棱草等。

6.3.3.3 病害防治

主要防治稻瘟病。在发病初期，每亩用25%嘧菌酯悬浮剂1 500倍液，或6%春雷霉素600倍液，或45%戊唑醇·嘧菌酯水分散粒剂20～30g，兑水20～30kg喷雾。

6.3.3.4 虫害防治

主要防治稻水象甲。在发生初期，用10%吡虫啉可湿性粉剂800倍液，或4.5%高效氯氰菊酯乳油3 000倍液，或48%毒死蜱乳油1 000倍液等药剂喷雾；或每亩用48%毒死蜱乳油150mL拌毒土15kg撒施，田间保水，使其自然落干。

7 收获

在蜡熟末期至完熟初期，籽粒含水量20%～25%，即可收割。

8 包装与贮运

8.1 包装

应符合NY/T 658的要求。

8.2 贮运

应符合NY/T 1056的要求。

绿色食品 稻鸭共作栽培技术规程

1 范围

本规程规定了伊犁州直绿色食品稻鸭共作栽培的术语和定义、一般性要求、水稻育秧、苗鸭准备、大田稻鸭共作管理、收获、包装与贮运的技术要求。

本规程适用于伊犁州直区域内以绿色食品A级水稻生产为主的稻鸭共作复合型耕作模式。

2 规范性引用文件

下列文件对于本文件的应用是必不可少的。凡是注日期的引用文件，仅所注日期的版本适用于本文件。凡是不注日期的引用文件，其最新版本（包括所有的修改单）适用于本文件。

GB 4404.1 粮食作物种子 第1部分：禾谷类

GB/T 17891 优质稻谷

NY/T 391 绿色食品 产地环境质量

NY/T 393—2013 绿色食品 农药使用准则

NY/T 394—2013 绿色食品 肥料使用准则

NY/T 419 绿色食品 稻米

NY/T 658 绿色食品 包装通用准则

NY/T 471—2010 绿色食品 畜禽饲料及饲料添加剂使用准则

NY/T 472—2006 绿色食品 兽药使用准则

NY/T 1056 绿色食品 贮藏运输准则

3 术语和定义

下列术语和定义适用于本规程。

稻鸭共作

指在水稻移栽至抽穗期，稻和鸭建立一种相互依赖、共同生长的依附关系。稻田为鸭子提供充足的水、适量的食物以及栖息的场所，鸭子为稻田有效地除草、啄虫、松土、肥田和刺激稻根生长，形成了稻鸭相互依赖、相互促进共同生长的生态体系。

4 一般要求

4.1 经济指标

4.1.1 产量

稻谷亩产650～750kg，肉鸭亩产20～25kg。

4.1.2 品质

水稻品质应符合GB 17891优质米三级以上标准，以及NY/T 419的要求。

4.2 产地环境

应符合NY/T 391的要求。

4.3　品种选用

4.3.1　水稻品种

种子质量应符合GB 4404.1的要求。水稻品种选用茎秆粗壮、抗倒伏、抗病性强、适宜机械化操作的品种，如新稻42号、新稻43号、新稻46等品种。

4.3.2　鸭品种

选择生命力强、抗逆性好、活动时间长、嗜食野性生物的役鸭性品种为宜。在伊犁州直范围内，较好的品种有伊犁麻鸭。苗鸭必须来源健康，并通过免疫接种。

4.4　肥料施用

应符合NY/T 394的要求。

5　水稻育秧

5.1　育秧时间

当日平均气温稳定达到7℃以上，即在4月初至4月底拱棚育秧或温室大棚育秧。

5.2　播种量

机插标准秧盘育苗：每盘播催芽种子180~200g。

5.3　苗床管理

5.3.1　温度控制

前期以密封保温为主，棚温控制在30~32℃；出苗后至

1叶1心期，棚温控制在28℃以下，开小孔通风，逐步增加通风量；3叶1心期，根据天气情况揭盖薄膜，锻炼秧苗，逐步适应外界气候条件。

5.3.2 适时灌水

出苗后发现床土表面发白、秧苗叶尖吐水少或不吐水、中午稻叶卷曲时，表明秧苗明显缺水。要在早晚浇水，1次浇透，切忌泼水和用井水直接浇灌。

5.3.3 防治立枯病

在发病初期，叶面喷施甲霜·噁霉灵1 500～2 000倍液。喷药12h后，要及时灌大水或抓紧移栽。

5.3.4 苗床追肥

在2叶1心期后，每平方米用尿素10g～15g等相同量的肥料，稀释100倍叶面喷施。喷后及时用清水喷洒冲洗。

6 苗鸭准备

6.1 育雏时间

在水稻播插秧前20～25天或播种后5～10天，孵化雏鸭，按每亩12～15只标准孵化。

6.2 苗鸭驯水

驯水宜在晴天进行。最好有水深15～20cm的水池，在鸭子上下的一面做成300°斜面。第一次驯水，在10：00将雏鸭赶下水，30～40min后，将鸭子全部赶上岸，在太阳光下让其梳理羽毛休息；在15：00进行第二次驯水，时间宜适当延长到

3~4h，直至达到鸭子能在水中活动自如、出水毛干的目的。

7　大田稻鸭共作管理

7.1　大田准备

7.1.1　施基肥

在耙地前，每亩施腐熟的有机肥1 000~1 500kg，或油渣80~150kg、磷酸二铵或重过磷酸钙10~15kg、硫酸钾5~8kg。盐碱地每亩增施硫酸锌0.7~1kg等相同量的肥料。

7.1.2　大田整地

及时灌水泡田，于水稻插秧前3~5天进行水整地，整平耙细，田内达到高低差3~25cm，肥水不排出。

7.2　稻苗移栽

7.2.1　插秧时期

日平均气温稳定高于12℃时开始插秧，5月上旬开始，5月下旬结束。

7.2.2　插秧方式

机插以行株距28cm×11cm为主的多行插秧机插秧，每平方米24~26穴。

7.3　防护设施

水稻插秧后，在稻田四周用尼龙网栏围起来，四周围网要求：每隔3m打一根桩，尼龙网上下边用尼龙绳作纲绳，形成一个地块，田埂间用尼龙网隔开，控制鸭子活动范围。为防止强光和暴雨对鸭子的伤害，在稻田一角为鸭修建一个简易鸭棚，棚的四周用竹板围筑，棚的外围再用尼龙网围起。

7.4 放鸭时间和数量

水稻插秧2周后，等秧苗返青，将驯水后的雏鸭（鸭龄20~25天）放入稻田，每亩放鸭12~15只，可根据田间杂草数量情况适当调整。

7.5 稻田管理

放鸭后，稻田灌水深度以鸭脚刚好能触到泥土为佳。随着鸭的成长，水的深度应逐渐增加。穗肥可提前使用，在水稻长粗拔节期，每亩施用饼肥60~80kg。稻鸭共作期间，稻田里不断水，不搁田，尽量不施化肥，如发现稻田缺肥较重需补充肥料，施用时鸭子应在窝棚里集中饲养2天。

7.6 鸭子管理

7.6.1 喂食次数

为提供鸭的辅助营养与建立人鸭之间的交流，起初3天，稻田鸭需每天喂食3次，即早、中、晚各1次。

7.6.2 喂食数量与原则

每只鸭每天喂食100~150g饲料。鸭饲料应符合NY/T 471的规定。3天后，随着鸭下田自行觅食，喂食次数与数量宜逐渐减少，具体次数、数量可根据稻田内杂草与水生小动物数量及鸭的大小而定。要经常有专人在田间巡逻，防止天敌侵扰鸭子。

7.7　水稻病虫害防治

稻鸭共作期一般不用化学药剂防治。如果水稻病害严重，应选符合NY/T 393绿色食品农药使用准则的药剂，喷施药剂时需将鸭子赶进窝棚里集中饲养3~5天。

7.8　鸭病防治

兽药使用应符合NY/T 472的要求。

8　收获、包装及贮运

8.1　鸭子收获

水稻抽穗时，将鸭从稻田中收回，此时鸭可加工出售，也可继续育肥，在水稻收获后继续放养在稻田中。

8.2　稻谷收获

蜡熟末期至完熟初期，籽粒含水量20%~25%，即可收割。晾晒去湿，稻谷含水量≤14%进仓贮藏。

8.3　稻谷包装

应符合NY/T 658的要求。

8.4　稻谷贮运

应符合NY/T 1056的要求。

绿色食品 稻蟹共作栽培技术规程

1 范围

本规程规定了伊犁州直范围内以水稻生产为主的稻蟹共作的术语和定义、环境条件、水稻栽培、蟹种放养、捕捞、收获、包装与贮运等要求。

本规程适用于伊犁州直范围内以绿色食品A级水稻生产为主的稻蟹共作复合型耕作模式。

2 规范性引用文件

下列文件对于本文件的应用是必不可少的。凡是注日期的引用文件，仅所注日期的版本适用于本文件。凡是不注日期的引用文件，其最新版本（包括所有的修改单）适用于本文件。

GB 4404.1 粮食作物种子 第1部分：禾谷类

GB/T 17891 优质稻谷

NY/T 391 绿色食品 产地环境质量

NY/T 393—2013 绿色食品 农药使用准则

NY/T 394—2013 绿色食品 肥料使用准则

NY/T 419 绿色食品 稻米

NY/T 658 绿色食品 包装通用准则

NY/T 755 绿色食品 渔药使用准则

NY/T 841 绿色食品 蟹

NY/T 1056 绿色食品 贮藏运输准则

3 术语和定义

下列术语和定义适用于本规程。

稻蟹共作

指在水稻移栽至成熟期，稻和蟹建立一种相互依赖，共同生长的依附关系。根据稻养蟹、蟹养稻、稻蟹共生的理论，在稻蟹共作的环境内，蟹能清除田中的杂草，吃掉害虫，排泄物可以肥田，促进水稻生长；而水稻又为蟹的生长提供丰富的天然饵料和良好的栖息条件，二者互惠互利，形成良性的生态循环。

4 环境条件

4.1 产地环境

应符合NY/T 391的要求。

4.2 稻蟹共作田选择

水源要充足，排灌方便，农田水利工程设施配套完好，养殖区的周边稻田均不得使用有毒有害的农药。土质肥沃，以黏土和沙壤土为宜。稻田要平整，适宜规模连片发展。

4.3 田间工程

4.3.1 挖沟

沟距田间埂0.5～1.5m，环形沟上口宽1～5m，下口宽

0.5~3m，深0.5~1.2m；田间沟宽0.5m，深0.6m左右，沟的总面积原则上不超过稻田面积的10%。

4.3.2 筑埂

为保证养蟹稻田具有一定的水位，须加高、加宽、加固田埂，确保田埂高达0.5m、宽0.8m，并打紧夯实，要求做到不裂、不漏、不垮。

4.3.3 防逃设施

在稻田四周构建围栏防逃，田块之间并不需要设立围栏，围栏材料可选用抗老化塑料、石棉瓦、彩钢瓦等材料，高度为60~70cm，其中20cm埋入土中，每隔1m用一竹桩固定。在进排水口用60目的长袋形网片围栏，防止蟹外逃和敌害生物进入稻田。

4.3.4 进排水设施

进、排水口分别位于稻田两端或对角，进水渠道建在稻田一端的田埂上，排水口建在稻田另一端蟹沟的最低处，按照高灌低排的格局，保证水灌得进、排得出，定期对进、排水渠道进行整修。

4.3.5 消毒

用生石灰消毒，在蟹沟中泼洒生石灰，杀灭敌害生物和致病菌。生石灰用量为100~150g/m^2。

4.3.6 施肥

肥料使用应符合NY/T 394的要求。养蟹的稻田，在大田中每亩施经充分发酵的农家肥300~600kg，用旋耕机将有机肥旋耕至表层土中。施用有机肥可以让水稻少用或不用化肥，减少因施化肥对螃蟹造成的伤害。有机肥也可以作为田螺的饵料，促进田螺生长。田螺是螃蟹最喜欢吃的高蛋白性饵料，为螃蟹补充钙质和能量、提高免疫力，减少饲料投喂节省成本。

5　水稻栽培

5.1　水稻品种选择

养蟹稻田的水稻品种要选择叶片开张角度小、抗病虫害、抗倒伏且耐肥性强的紧穗型品种，如新稻42号、新稻43号、新稻46号等品种。种子质量应符合GB 4404.1的要求。

5.2　水稻种植与管理

5.2.1　播种与插秧

5.2.1.1　播种

当日平均气温稳定高于7℃，即在4月初到4月底进行拱棚育秧或温室大棚育秧。育秧盘育苗每盘播催芽种子180～200g。

5.2.1.2　插秧

日平均气温稳定高于12℃时开始插秧，5月上旬开始，5月下旬结束。行株距28cm×11cm为主的多行插秧机插秧，每平方米插24～26穴。

5.2.2　施肥

稻蟹共作应尽量减少化肥的使用量。水中氮的浓度过高会影响螃蟹生长甚至造成死亡，所以稻田养蟹要提前施入足量基肥。基肥以有机肥（腐熟农家肥、颗粒有机肥、油渣）为主，在翻地前每亩施入300～600kg，后期化肥施入以"多次少施""半边轮替"的方法施入，尽量减少抛洒颗粒化肥，多用叶面肥喷施，即可保证水稻生长中所需的各种营养元素，保证水稻产量，也可最大限度地降低施肥对螃蟹的影响。

5.2.3 晒田

要轻晒或短期晒，沟内水深保持在30～50cm，晒好田后及时恢复原水位。

5.2.4 除草

除草剂的使用应符合NY/T 393的要求，使用时注意把控剂量。少量除草剂不会对螃蟹造成影响，大量使用也会造成螃蟹死亡。在螃蟹脱壳期间禁止使用除草剂。

6 蟹种放养

6.1 蟹种选择

选择体表光洁亮丽，肢体完整健全，无伤无病，体质健壮，生命力强的苗种。同一田块放养的苗种规格要尽量一致，一次放足。蟹苗运输切记不能远途运输。

6.2 试水缓苗

放苗时，要进行缓苗处理。方法是将苗种在稻田水内浸泡1min，提起搁置2～3min，再浸泡1min，如此反复2～3次，让苗种体表和鳃腔吸足水分后再放养，以提高成活率。

6.3 苗种消毒

在苗种放养前，用3%～5%食盐水浸泡5～10min，以杀灭致病菌和寄生虫。选用20mg/L浓度的高锰酸钾或聚维酮碘溶液浸泡消毒5～10min。

6.4　投放时间

一般选择在晴天的早晨和傍晚或阴雨天进行，避免阳光暴晒。伊犁地区蟹苗投放时间是在每年的5月20日至6月20日之间，在水稻缓苗之后即可投放，环形钩的地块可在4月至5月之前提前投放。

6.5　投放密度

水稻中螃蟹生长时间有限，投放规格应以80～100只/kg蟹苗为宜，每亩投放500～700只蟹苗。

6.6　日常管理

6.6.1　饵料投喂

当水温高于10℃，即可投喂。需投喂优质饵料，饵料以植物性饲料为主，如黄豆、玉米等。按定时定位投放原种，每天投喂1～2次，实际投喂量按投饲后3h检查确定。

6.6.2　水质调控

每3～5天加注新水1次；盛夏季节，每1～2天加注1次新水。一般先排水再进水，注意把死角水换出。

6.6.3　勤巡蟹田

注意观察水质变化情况、河蟹生长情况和吃食情况是否正常，检查有无病死蟹以及田埂是否漏水。注意检查防逃设施有无破损，进排水口的防逃网有无破损，如有应及时修补或更换。

6.6.4 病害防治

蟹病应以防为主，严把蟹种消毒、底质消毒、水质消毒3个环节。发现蟹病应及时治疗。病害防治药物的使用应符合NY/T 755的要求。

7 捕捞

7.1 捕捞时间

一般在8月20日开始捕捞，成熟的螃蟹可直接上市销售，不完全成熟的蟹最好在育肥池塘饲喂15~20天，投喂高蛋白饵料，提高饱满度。

7.2 捕捞方法

最有效的捕捞工具是地笼，应选择大眼网地笼。螃蟹昼伏夜出，到了成熟的季节，螃蟹会在晚上上岸，可人工抓起。也可在田块角落挖坑放置水桶，螃蟹经过时会掉到桶里，再人工抓起。

8 收获

蜡熟末期至完熟初期，籽粒含水量20%~25%，即可收割。晾晒去湿，稻谷含水量≤14%进仓贮藏。

9 包装与贮运

9.1 水稻包装贮运

9.1.1 包装

应符合NY/T 658的要求。

9.1.2 贮运

应符合NY/T 1056的要求。

9.2 蟹包装贮运

应符合NY/T 841的要求。螃蟹销售以鲜活为主，销售方式为现捕现卖，出水到食用一般不超过36h，时间过长会影响螃蟹品质，甚至死亡，死蟹不能食用。短途运输（3~6h）包装要求透气保证湿度即可。将螃蟹放置在阴凉处，保持其体表湿润，通常可存活24h以上，或将螃蟹放置冰箱冷藏，温度维持在5~8℃，一般可存活48~96h。长途运输（6h~72h）应使用保温泡沫箱运输，每千克螃蟹配置0.5kg冰，根据具体运输时间适量增加或减少，箱体用胶带密封。

绿色食品　玉米栽培技术规程

1　范围

本技术规程规定了绿色食品A级玉米的技术指标、产地要求、栽培技术、病虫害防治、收获、包装与贮运的要求。

本技术规程适用于伊犁州直绿色食品A级玉米种植区域。

2　规范性引用文件

下列文件对于本文件的应用是必不可少的。凡是注日期的引用文件，仅所注日期的版本适用于本文件。凡是不注日期的引用文件，其最新版本（包括所有的修改单）适用于本文件。

GB 4404.1　粮食作物种子　第1部分：禾谷类

NY/T 391　绿色食品　产地环境质量

NY/T 393—2013　绿色食品　农药使用准则

NY/T 394—2013　绿色食品　肥料使用准则

NY/T 658　绿色食品　包装通用准则

NY/T 1056　绿色食品　贮藏运输准则

3　技术指标

基本苗：每亩5 500～6 000株；

成穗数：每亩5 000～5 500株；

千粒重：330~350g；

产量：亩产900~1 000kg。

4　产地要求

4.1　环境条件

应符合NY/T 391的要求。

4.2　土壤条件

选择耕层深厚，结构良好，地面平整，排灌良好，有机质含量≥1.5%，碱解氮含量≥60mg/kg，速效磷含量≥20mg/kg的壤土或沙壤土为宜。

5　栽培技术

5.1　播前准备

5.1.1　施基肥

肥料使用应符合NY/T 394的要求。每亩施腐熟有机肥2~3t、尿素8~12kg、磷酸二铵20~25kg、硫酸钾8~10kg等相同量的肥料，均匀撒于地面，结合翻地施入。

5.1.2　深翻土壤

提倡秋耕冬灌，春季适时抢墒犁整地。茬地、休闲地、绿肥地均要深耕，耕深28~30cm，每3年进行1次深松耕。秋翻地用旋耕机整地即可，深度以15~20cm为宜。

5.1.3　整地

整地质量要达到"平、松、碎、齐、净、墒"六字标准。

5.2 选种与处理

5.2.1 品种选择

种子质量应符合GB 4404.1的要求。选择高产、耐密、优质、抗倒、适宜机械化收获的优良玉米品种。东部县选用早熟或中早熟品种，西部县市选用中熟或中晚熟品种。早熟品种有KWS9384、KWS3376、新玉59等；中熟品种有KWS1553、新玉69、登海8883、合育187、新玉93、新玉104、新玉106、平玉8号等；中晚熟品种有先玉335、KWS2564、华农866、农华101、泰玉309、裕丰30、优卡919、新玉52等。

5.2.2 种子处理

农药使用应符合NY/T 393的要求。每100kg种子用2%戊唑醇湿拌种剂200～300g拌种，防治玉米瘤黑粉病；用60%吡虫啉悬浮剂500～600mL，或30%噻虫嗪悬浮剂200～300mL等药剂，兑水1kg拌种，防治地下害虫兼治蚜虫。

5.3 播种

5.3.1 播种期

适期早播。日平均气温稳定高于10℃，或5cm地温稳定在10～12℃时开始播种。伊犁河谷适宜播期在4月上旬至5月上旬。

5.3.2 播种量

采用气吸式精量播种机播种，每亩播种量1.8～2kg；采用条播机进行播种，每亩播种量3～4kg。

5.3.3　播种质量

要求播行端直，不重不漏，下粒均匀，深浅一致，覆土严密，镇压严实。

5.4　田间管理

5.4.1　查苗、补苗

出苗显行后如果发现缺苗断垄，应及时补种或补苗，保证全苗。

5.4.2　间苗、定苗

3叶期开始间苗，4叶至5叶期定苗，结合间定苗，留壮苗，去病苗、弱苗，除去杂草。

5.4.3　中耕除草

全生育期机械或人工中耕除草2～3次。在4叶至5叶期进行第一次中耕，在拔节期前后进行第二次中耕，在拔节期至小喇叭口期结合施肥进行第三次中耕。同时进行蹲苗培土，促进次生根生长，提高抗倒伏能力。

5.4.4　追肥

在喇叭口期，结合中耕开沟，沟施或人工穴施追肥，深度15cm。每亩施尿素20～25kg等相同量的肥料，施肥后浇水，以发挥肥效。

5.4.5　灌水

全生育期灌水2～4次。头水在6月中下旬，保证每亩灌水量为80m³；头水后10～15天灌二水，每亩灌水量为60m³；后期浇水根据墒情，每次每亩灌水量为60m³。

6 病虫害防治

6.1 防治原则

坚持"农业防治、物理防治为主，生物化学防治为辅"的无害化治理原则，农药使用应符合NY/T 393的规定。

6.2 农业防治

（1）选用抗（耐）病虫品种，减轻玉米病虫害为害。

（2）采用机械收获，秸秆粉碎还田，改善土壤理化性能，破坏玉米螟及其他地下害虫寄生环境。

（3）合理安排茬口，压低病虫源基数。

（4）及时清除田边地头杂草，消灭早期玉米叶螨栖息场所。

6.3 物理防治

在玉米螟越冬代成虫羽化期，采用频振式杀虫灯、性诱剂等措施诱杀玉米螟成虫。

6.4 生物防治

在二代玉米螟产卵初期（玉米灌浆期），每亩田间人工释放赤眼蜂2万头。每亩设6个释放点，在放蜂点选1棵玉米植株中上部的叶片，将蜂卡粘在叶片背面的主叶脉上，每5天放一次，连放3次。

6.5 化学防治

在苗期，用70%吡虫啉水分散粒剂100倍液，或30%噻虫嗪悬浮剂100倍液等药剂，拌麸皮等制作毒饵，诱杀地下害虫。

在一代玉米螟田间卵孵化盛期（玉米小喇叭口期）每亩用

20%氯虫苯甲酰胺悬浮剂8～10mL，或40%氯虫噻虫嗪水分散粒剂8g等药剂进行田间喷雾防治。在局部严重地区，于二代玉米螟卵孵化盛期（玉米灌浆期）可再次施药防治。

在玉米叶螨点片发生时，每亩用24%螺螨酯悬浮剂10mL，或5%噻螨酮乳油1 500～2 000倍液等药剂进行喷雾，重点喷洒田块周边玉米植株中下部叶片背面。

7　收获

玉米植株基部叶片变黄、苞叶成黄白色而松散，籽粒坚硬、光滑，籽粒基部形成黑质层，含水量达30%时，应及时机械化收割。籽粒含水量达到20%以下时脱粒，脱粒后应及时晾晒。

8　包装与贮运

8.1　包装

应符合NY/T 658的要求。

8.2　贮运

应符合NY/T 1056的要求。

绿色食品 甜（糯）玉米栽培技术规程

1 范围

本技术规程规定了绿色食品A级鲜食甜（糯）玉米的术语与定义、技术指标、产地要求、栽培技术、病虫害防治、收获、包装与贮运的要求。

本技术规程适用于伊犁州直绿色食品A级鲜食甜（糯）玉米的种植区域。

2 规范性引用文件

下列文件对于本文件的应用是必不可少的。凡是注日期的引用文件，仅所注日期的版本适用于本文件。凡是不注日期的引用文件，其最新版本（包括所有的修改单）适用于本文件。

GB 4404.1 粮食作物种子 第1部分：禾谷类

NY/T 391 绿色食品 产地环境质量

NY/T 393—2013 绿色食品 农药使用准则

NY/T 394—2013 绿色食品 肥料使用准则

NY/T 658 绿色食品 包装通用准则

NY/T 1056 绿色食品 贮藏运输准则

3 术语和定义

下列术语和定义适用于本规程。

3.1 甜玉米

玉米的一种特殊类型，其籽粒在最佳采收期可溶性糖（葡萄糖、果糖、麦芽糖、蔗糖等）含量≥8%。

3.2 糯玉米

是玉米的一种类型，其干基籽粒粗淀粉中直链淀粉含量小于5%。

4 技术指标

基本株：每亩5 500～6 000株；

单穗鲜重：350～420g；

采收穗数：5 000～5 500穗。

5 产地要求

5.1 产地环境

应符合NY/T 391的要求。

5.2 土壤条件

选择耕层深厚，结构良好，地面平整，排灌良好，有机质含量≥1.5%，碱解氮含量≥60mg/kg，速效磷含量≥20mg/kg的壤土或沙壤土为宜。

6 栽培技术

6.1 播种准备

6.1.1 选地

宜选用土壤肥力中上等，土层深厚、排灌方便的壤土或沙壤土，400m范围内不宜种植不同类型和不同品种玉米，以防串粉影响品质。尽量避免连作。

6.1.2 施基肥

肥料使用应符合NY/T394的要求，每亩施腐熟有机肥2～3t，尿素8～12kg，磷酸二铵20～25kg，硫酸钾8～10kg等相同量的肥料，均匀地撒于地面，结合翻地施入。

6.1.3 深翻土壤

提倡秋耕冬灌，春季适时抢墒犁整地。茬地、休闲地、绿肥地均要深耕，耕深28～30cm，每3年进行1次深松耕。秋翻地用旋耕机整地即可，深度以15～20cm为宜。

6.1.4 整地

整地质量要达到"平、松、碎、齐、净、墒"六字标准。

6.1.5 品种选择

种子质量应符合GB 4404.1的要求，选择品质优、产量高、抗性好、适应性广的三宝早脆玉、珍甜、甜糯等甜玉米，黄粘5号、澳早60、超糯2000、雪糯2号、京科糯628等糯玉米品种。

6.1.6 种子处理

农药使用应符合NY/T 393的要求。每100kg种子用2%戊唑醇湿拌种剂200～300g拌种防治玉米瘤黑粉病；用60%吡虫啉悬浮剂500～600mL，或30%噻虫嗪悬浮剂200～300mL等药剂，兑水1kg拌种，防治地下害虫兼治蚜虫。

6.2 播种

6.2.1 播种期

根据加工和上市时间适期播种，一般在4月上旬至5月中旬。

6.2.2 播种量

每亩播种量为2.2～2.6kg。

6.2.3 播种方法

采用气吸式精量播种机播种，株距20～22cm，行距50cm。要求要求播行端直，不重不漏，下粒均匀，深浅一致，覆土严密，镇压严实。

6.3 田间管理

6.3.1 间、定苗

在2～4片叶时定苗，株距20～22cm，每穴留1株，缺苗处留双株，去弱苗、病苗，留壮苗。

6.3.2 中耕除草

中耕2～3次。苗期第一次人工锄草，锄小、锄净。拔节期，结合中耕开沟进行第二次人工锄草，顺行拔除大草。

6.3.3 去除分蘖

甜、糯玉米应结合田间管理及早去除分蘖。

6.3.4 追肥

在小喇叭口期追肥，每亩施尿素15～20kg等相同量的肥料，结合中耕开沟，沟施或人工穴施，深度15cm。施肥后浇水，以发挥肥效。

6.3.5 灌水

全生育期灌水2～4次。在小喇叭口期灌头水，抽雄期灌第二水，每次每亩灌水量为70～80m³。采摘鲜食甜、糯玉米前15～20天灌第三水，每亩灌水量为60～70m³。

7 病虫害防治

7.1 防治原则

坚持"农业防治、物理防治为主，生物化学防治为辅"的无害化治理原则，农药使用应符合NY/T 393的要求。

7.2 农业防治

（1）选用抗（耐）病虫品种，减轻玉米病虫害为害。

（2）采用机械收获，秸秆粉碎还田，改善土壤理化性能，破坏玉米螟及其他地下害虫寄生环境。

（3）合理安排茬口，压低病虫源基数。

（4）及时清除田边地头杂草，消灭早期玉米叶螨栖息场所。

7.3 物理防治

在玉米螟越冬代成虫羽化期，采用频振式杀虫灯、性诱剂等措施诱杀玉米螟成虫。

7.4 化学防治

在苗期，用70%吡虫啉水分散粒剂100倍液，或30%噻虫嗪悬浮剂100倍液等药剂，拌麸皮等制作毒饵，诱杀地下害虫。

在一代玉米螟田间卵孵化盛期（玉米小喇叭口期），每亩用20%氯虫苯甲酰胺悬浮剂8～10mL，或40%氯虫噻虫嗪水分散粒剂8g等药剂进行田间喷雾防治。

8 收获

适时收获，一般在授粉后20～25天采收青苞，采收后应及时销售食用或加工。根据播种期、成熟度和籽粒饱满度分级人工采收。

9 包装与贮运

9.1 包装

应符合NY/T 658的要求。

9.2 贮运

应符合NY/T 1056的要求。

绿色食品 高粱栽培技术规程

1 范围

本规程规定了绿色食品A级酿酒高粱栽培技术规程的术语与定义、技术指标、产地条件、栽培技术、收获、包装与贮运的技术要求。

本规程适用于伊犁州直绿色食品A级酿酒高粱适种植区域。

2 规范性引用文件

下列文件对于本文件的应用是必不可少的。凡是注日期的引用文件，仅所注日期的版本适用于本文件。凡是不注日期的引用文件，其最新版本（包括所有的修改单）适用于本文件。

GB 4404.01 粮食作物种子 第1部分：禾谷类

NY/T 391 绿色食品 产地环境质量

NY/T 393—2013 绿色食品 农药使用准则

NY/T 394—2013 绿色食品 肥料使用准则

NY/T 658 绿色食品 包装通用准则

NY/T 1056 绿色食品 贮藏运输准则

3 术语与定义

下列术语与定义适用于本规程。

酿酒高粱

酿酒高粱的籽粒淀粉含量≥64%，蛋白质含量7%～9%，单宁含量0.5%～1.5%，脂肪含量≤4%，角质率≤50%。

4　技术指标

保苗株数：每亩7 000～8 000株；

千粒重：30～40g；

籽粒产量：亩产450～500kg。

5　产地要求

5.1　产地环境

应符合NY/T 391的要求。

5.2　土壤条件

选择耕层深厚，结构良好，地面平整，排灌良好，中性反应的沙壤土、灰钙土或轻黏土为宜。

5.3　茬口安排

采用轮作栽培，不重茬，可与玉米、小麦、棉花、豆科、胡麻等作物轮作。

6　栽培技术

6.1　土壤准备

6.1.1　整地

未进行冬灌或土壤墒情较差的地块应进行春灌；适墒深

翻，耕深25cm，及时耙、耱，土地达到"平、松、碎、齐、净、墒"的要求。

6.1.2 施肥

肥料使用应符合NY/T 394的要求。在犁地前，每亩施腐熟的有机肥1.5～2t、尿素10～15kg、磷酸二铵15～20kg、钾肥5kg等相同量的肥料。

6.2 种子处理

6.2.1 品种选择

种子质量应符合GB 4404.1的要求，主要选择生育期适中的品种。一般选择生育期在100～120天的品种，如晋杂22、凤杂11、辽杂115等。

6.2.2 种子处理

每100kg种子用15%三唑醇可湿性粉剂等药剂拌种，风干后播种。

6.3 播种

6.3.1 播期

当5cm土壤温度稳定高于12℃时为适宜播期，一般在4月下旬至5月上旬。

6.3.2 播量

每亩播种量为0.5～1.2kg。

6.3.3 播种方法

采用50cm等行距播种，播种深度为2.5～3.5cm，采用地膜播深2cm。

6.4　田间管理

6.4.1　间苗与定苗

保苗株数每亩7 000～8 000株。在植株2叶至4叶期，间、定苗，在5叶期结束。去弱留壮，缺苗处邻近株留双株。

6.4.2　中耕除草

在高粱分蘖期至拔节期杂草为害严重，全生育期中耕除草3～4次。结合中耕及时去除分蘖。

6.4.3　追肥

追施拔节肥，沟施，开沟深8～10cm，每亩追施尿素10～15kg等相同量的肥料。旺苗少施，弱苗多施。

6.4.4　灌水

全生育期灌水2～3次。苗期视苗情适时蹲苗，重灌拔节水和孕穗水，灌浆中后期适时控水。

6.5　病虫草害防治

6.5.1　防治原则

坚持"农业防治、物理防治为主，化学防治为辅"的无害化治理原则。

6.5.2　农业防治

进行轮作，选用抗病品种，并进行严格种子消毒，培育无病虫壮苗，增施有机肥，拔除病株，及时清洁田园。

6.5.3 物理防治

根据虫害生物学特性，采取黄板诱蚜、性诱剂或杀虫灯等诱杀玉米螟、棉铃虫成虫。

6.5.4 化学防治

在蚜虫点片发生期，用2.5%氯氰菊酯乳油或10%吡虫啉可湿性粉剂2 000～3 000倍液等药剂喷雾。

6.5.5 草害防治

每亩用50%乙草胺乳油60～70g等药剂进行土壤封闭处理；播种后前3天内处理。

6.5.6 其他防治方法

防治地老虎和金针虫：用5%高效氯氟氰菊酯乳油200g等药剂，兑水0.5kg，拌麦麸等3～4kg，制成毒饵，傍晚撒施于苗株附近进行诱杀。

7 收获

在蜡熟末期及时进行机械收割。

8 包装贮藏运输

8.1 包装

应符合NY/T 658的要求。

8.2 贮运

应符合NY/T 1056的要求。

绿色食品 豆类作物栽培技术规程

绿色食品 春播大豆栽培技术规程

1 范围

本规程规定了绿色食品A级春播大豆的技术指标、产地环境、栽培管理、收获、包装与贮运的要求。

本规程适用于伊犁州直≥10℃活动积温2 500℃以上、无霜期140天以上的区域。

2 规范性引用文件

下列文件对于本文件的应用是必不可少的。凡是注日期的引用文件，仅所注日期的版本适用于本文件。凡是不注日期的引用文件，其最新版本（包括所有的修改单）适用于本文件。

GB 4404.2 粮食作物种子 第2部分：豆类

NY/T 391 绿色食品 产地环境质量

NY/T 393—2013 绿色食品 农药使用准则

NY/T 394—2013 绿色食品 肥料使用准则

NY/T 658　绿色食品　包装通用准则

NY/T 1056　绿色食品　贮藏运输准则

3　技术指标

株数：每亩2.4万～2.6万株；

单株荚数：25～50个；

百粒重：22～25g；

产量：亩产250～300kg。

4　产地环境

环境条件应符合NY/T 391的要求。

5　栽培管理

5.1　播前准备

5.1.1　土地准备

选用土壤肥力中上等，土层深厚，pH值为7～7.5，有机质含量较高，灌排良好，轮作倒茬的壤土或沙壤土为宜。

5.1.2　施肥整地

每亩施腐熟的有机肥1.5～2t、磷酸二铵15～20kg等相同量的肥料作基肥。深翻土地，深度25～30cm，整地质量达到"平、松、碎、齐、净、墒"六字标准。

5.1.3　种子准备

种子质量应符合GB 4404.2的要求，纯度≥98.0%、发芽率≥85%、净度≥98.0%、水分≤12.0%。以绥农14号、新大豆

10号、合丰55、合丰56号等品种为主。

5.1.4 土壤处理

在大豆播前或播后苗前，每亩用50%乙草胺乳油100～150mL，或96%异丙甲草胺乳油70～80mL等均匀地喷洒在土壤表面，并浅混土。

5.2 播种

5.2.1 播种期

最佳适播期为4月20日至5月5日，对墒情差的地块，应抢墒播种。

5.2.2 播种量

条播每亩播种量为8～10kg，穴播每亩播种量为5～8kg。

5.2.3 播种方法

采用等行距30～40cm条播或穴播，株距7～8cm，播深3～5cm，每亩播种2.5万～2.8万株。

5.2.4 播种质量要求

播量准确，播深一致，下籽均匀，不重不漏，播行端直，覆土严密。

5.3 田间管理

5.3.1 查苗补种

大豆出苗后，立即查苗补种，凡断垄≥0.30m的应补种或补栽，≤0.30m的可在断垄两端留双株，以确保苗全。

5.3.2 间、定苗

在大豆2片子叶展开后到第一对生单叶出现时，及时人工间苗、定苗，确保合理密度。

5.3.3 除草

当大豆子叶拱土显行时进行第一次中耕，中耕深度10 ~ 12cm；在苗高10 ~ 12cm时进行第二次中耕，中耕深度14 ~ 16cm。后期农作时，见大草随行人工拔除。

5.3.4 灌水

大豆全生育期需灌水2 ~ 3次。在花荚期、鼓粒期灌水，每亩灌水量为80 ~ 100m³。鼓粒后期植株需水量减少，可根据植株生长及天气情况适时灌水。

5.3.5 追肥

生育期间根据大豆生长发育情况，在大豆初花期机械追施1次肥，每亩追施尿素8 ~ 10kg；在开花结束期、鼓粒期采用飞防或机械叶面追肥1 ~ 2次，每亩用尿素0.75 ~ 1kg+99%磷酸二氢钾0.3kg等相同量的肥料，兑水30kg喷施。

5.3.6 化控

对有旺长趋势的，在初花期，每亩用15%多效唑可湿性粉剂45 ~ 50g，兑水50kg进行叶面喷洒。盛花期仍有旺长，可适当增加用量进行第二次控旺。

5.3.7 病虫害防治

坚持"农业防治，生物防治为主，化学防治为辅"的原则，农药使用应符合NY/T 393的要求。

5.3.7.1 病害防治

霜霉病：每亩用80%烯酰吗啉可湿性粉剂3 000倍液，或72%霜脲·锰锌可湿性粉剂133～167g，或64%噁霜·锰锌可湿性粉剂170～200g等药剂喷雾。

菌核病：用50%腐霉利可湿性粉剂1 000倍液，或50%多菌灵可湿性粉剂500倍液，或50%甲基硫菌灵可湿性粉剂500倍液喷雾。

根腐病：及时拔除病株烧毁；清除田间枯枝落叶及杂草，消灭越冬病原；采用50%多菌灵可湿性粉剂800倍液等药剂灌根。

5.3.7.2 虫害防治

螨类：用20%乙螨唑悬浮剂10 000倍液，或34%螺螨酯悬浮剂5 000～6 000倍液等药剂喷雾。

蚜虫、食心虫：用10%吡虫啉可湿性粉剂2 000倍液，或5%天然除虫菊素乳油500倍液等药剂喷雾。

6 收获

当豆叶80%～90%落尽，籽粒已归圆时，采用机械收割。收割时割茬应尽量低，以减少损失。

7 包装与贮运

7.1 包装

应符合NY/T 658的要求。

7.2 贮运

应符合NY/T 1056的要求。

绿色食品　复播大豆栽培技术规程

1　范围

本规程规定了绿色食品A级复播大豆技术指标、产地环境、栽培技术、收获、包装与贮运的技术要求。

本规程适用于伊犁州直西部年≥10℃有效积温3 150～3 500℃，无霜期140～160天的区域。

2　规范性引用文件

下列文件对于本文件的应用是必不可少的。凡是注日期的引用文件，仅所注日期的版本适用于本文件。凡是不注日期的引用文件，其最新版本（包括所有的修改单）适用于本文件。

GB 4404.2　粮食作物种子　第2部分：豆类

NY/T 391　绿色食品　产地环境质量

NY/T 393—2013　绿色食品　农药使用准则

NY/T 394—2013　绿色食品　肥料使用准则

NY/T 658　绿色食品　包装通用准则

NY/T 1056　绿色食品　贮藏运输准则

3　技术指标

株数：每亩2.67万～3万株；

百粒重：16～18g；

产量：亩产150～180kg。

4　产地环境

4.1　环境条件

应符合NY/T 391的要求。

4.2　土壤条件

选择耕层深厚，结构良好，地面平整，排灌良好，有机质含量≥1.5%，碱解氮含量≥60mg/kg，速效磷含量≥6mg/kg的壤土或沙壤土为宜。

5　栽培技术

5.1　播前准备

5.1.1　浇水

小麦收获前10～15天浇麦黄水，做到一水两用。或采用大豆先干播后浇水。

5.1.2　施肥整地

结合犁地撒施基肥，每亩施腐熟农家肥1～1.5t、磷酸二铵12～15kg等相同量的肥料；深翻土地，深度25～30cm，整地质量达到"平、松、碎、齐、净、墒"六字标准。

5.1.3　品种选择

种子质量应符合GB 4404.2的要求，选用发芽率高，早熟性明显，抗病性、适应性强，产量高的品种。以黑河45、黑河

50、华疆2号、华疆4号等为主栽品种。

5.1.4 土壤处理

播后苗前，用50%乙草胺乳油500倍液等药剂喷雾进行封闭处理。

5.2 播种

5.2.1 播种期

6月底至7月中旬。

5.2.2 播种量

条播每亩播种量为8～10kg，穴播每亩播种量为6～8kg。

5.2.3 播种方法

采用等行距条播或穴播，行距30cm，株距3～5cm，播深2～4cm。

5.2.4 播种质量要求

播量准确，播深一致，下籽均匀，不重不漏，播行端直，覆土严密。

5.3 田间管理

5.3.1 中耕除草

在苗高10～12cm时进行第一次中耕，中耕深度为14～16cm；在现蕾开花初期，进行第二次中耕，中耕、开沟、培土1次进行。

5.3.2 灌水

大豆全生育期需灌水1～2次。在盛花期，每亩灌水量为

80~100m³；在干旱缺水时浇第二水，每亩灌水量为60~80m³。

5.3.3 病虫害防治

在发病初期，用70%代森锰锌可湿性粉剂800倍液，或64%噁霜·锰锌可湿性粉剂600~800倍液等药剂喷雾防治大豆霜霉病；用50%腐霉利可湿性粉剂1 000倍液、50%多菌灵可湿性粉剂500倍液，或50%甲基硫菌灵可湿性粉剂500倍液等药剂喷雾防治大豆菌核病。

在虫害发生初期，用20%乙螨唑悬浮剂10 000倍液，或34%螺螨酯悬浮剂5 000~6 000倍液等药剂喷雾防治螨类；用10%吡虫啉可湿性粉剂2 000倍液，或5%天然除虫菊素乳油500倍液等药剂喷雾防治蚜虫等。

6 收获

在大豆茎秆开始发黄、叶片开始脱落时及时收获。

7 包装与贮运

7.1 包装

应符合NY/T 658的要求。

7.2 贮运

应符合NY/T 1056的要求。

第三部分

绿色食品 薯芋类作物栽培技术规程

绿色食品 红薯栽培技术规程

1 范围

本规程规定了绿色食品A级红薯栽培的技术指标、产地条件、栽培管理、收获、包装与贮运的要求。

本规程适用于伊犁州直绿色食品A级红薯种植区域。

2 规范性引用文件

下列文件对于本文件的应用是必不可少的。凡是注日期的引用文件，仅所注日期的版本适用于本文件。凡是不注日期的引用文件，其最新版本（包括所有的修改单）适用于本文件。

NY/T 391 绿色食品 产地环境质量

NY/T 394—2013 绿色食品 肥料使用准则

NY/T 393—2013 绿色食品 农药使用准则

NY/T 658 绿色食品 包装通用准则

NY/T 1056 绿色食品 贮藏运输准则

3 技术指标

保苗株数：每亩3 000 ~ 4 000株；
块根产量：亩产2 500 ~ 4 000kg。

4 产地条件

应符合NY/T 391的要求。选择耕层深厚、保水保肥、灌溉条件良好、pH值为7 ~ 8的地块种植。采取轮作栽培，不重茬，可与玉米、小麦、棉花、豆科作物等轮作。

5 栽培管理

5.1 土壤准备

5.1.1 施基肥

肥料使用应符合NY/T 394的要求。在播前，每亩施腐熟农家肥3 000kg、尿素15 ~ 20kg、磷酸二铵或重过磷酸钙10 ~ 20kg等相同量的肥料。

5.1.2 灌底墒水

移栽前对土壤墒情较差的地块应进行春灌，做到灌足、灌透。

5.1.3 深翻

茬地适墒深翻，耕深25 ~ 30cm。秋翻地用旋耕机整地即可，深度以20cm为宜。

5.1.4 整地

整地质量达到"平、松、碎、齐、净、墒"六字标准。

5.1.5 开沟

采用开沟犁进行开沟，沟深25~30cm，沟宽50cm，垄宽30~40cm。

5.2 种子处理

5.2.1 品种选择

种薯的选择，要选择适合本地、抗性较强，丰产性能较好的品种，如老白芯、苏薯14号等品种。

5.2.2 种薯处理

精选无病斑的薯块，先进行晒种，采用50%多菌灵可湿性粉剂800倍液浸种防治黑斑病，风干后播种。

5.3 育苗

5.3.1 播期

河谷西部在3月中下旬进行温室育苗，床温保持在20~25℃。

5.3.2 育苗方法

采用沙床育苗，苗床视育苗多少而定，一般苗床每平方米出苗2 500~3 000株。当苗高10~15cm时移苗。

5.4 田间定植

5.4.1 定植时间

4月中下旬至5月中旬。

5.4.2 定植方法

采用斜插法，露土节数1~2节，入土节数2~3节。

5.4.3　定植密度

栽插株距25～30cm，基本苗每亩3 350～3 500株。

5.5　中耕锄草

定植后，在薯蔓铺满垄前中耕除草2～3次。

5.6　追施肥

肥料使用应符合NY/T 394的要求。起垄后条施在垄背开好的沟内，每亩施45%的复合肥40kg，另加施硫酸钾20kg等相同量的肥料。

5.7　灌水

定植前期视苗情及土壤墒情适时灌水，灌水要做到前重后轻的原则，采收前15天严禁浇水。

5.8　病虫草害防治

5.8.1　防治原则

坚持"农业防治、物理防治为主，化学防治为辅"的无害化治理原则。农药使用应符合NY/T 393的要求。

5.8.2　农业防治

选用抗病品种，并进行严格种薯消毒；培育无病虫壮苗，增施有机肥，及时拔除病株，摘除病叶，清洁田园。

5.8.3　化学防治

农药使用应符合NY/T 393的要求。在移栽时，用50%多菌灵可湿性粉剂，或50%异菌脲可湿性粉剂，或10%丙环唑

水分散粒剂1 000倍液等药剂蘸苗，药液要浸至秧苗基部10cm
左右。

6 收获

红薯成熟应及时采用机械收割或人工采收。

7 包装与贮运

7.1 包装

应符合NY/T 658的要求。

7.2 贮运

应符合NY/T 1056的要求。

第二篇　经济作物类

绿色食品　纤维作物类栽培技术规程

绿色食品原料　亚麻栽培技术规程

1　范围

本规程规定了绿色食品原料A级亚麻栽培的术语与定义、技术指标、产地要求、栽培技术、收获、包装与贮运的要求。

本规程适用于伊犁州直绿色食品原料A级亚麻的生产。

2　规范性引用文件

下列文件对于本文件的应用是必不可少的。凡是注日期的引用文件，仅所注日期的版本适用于本文件。凡是不注日期的引用文件，其最新版本（包括所有的修改单）适用于本文件。

GB 4407.1　经济作物种子　第1部分：纤维类

GB/T 15681　亚麻籽

NY/T 391　绿色食品　产地环境质量

NY/T 393—2013　绿色食品　农药使用准则

NY/T 394—2013　绿色食品　肥料使用准则

NY/T 658　绿色食品　包装通用准则

NY/T 1056　绿色食品　贮藏运输准则

3　术语和定义

下列术语和定义使用于本规程。

亚麻

依据亚麻分为纤维用型亚麻、油用型亚麻、油纤兼用亚麻，伊犁地区栽培的亚麻包含纤维用型亚麻和油用型亚麻。

4　技术指标

基本苗：每亩80万~95万株；

收获株数：每亩68万~74万株；

千粒重：4.5~5.1g；

原茎产量：亩产400~530kg。

5　产地要求

5.1　产地环境

环境质量符合NY/T 391的要求。

5.2　产地气候

无霜期110天以上，≥10℃积温2 000℃以上，年降水量300mm以上。

5.3　产地土壤

选择土壤肥力中等及以上，耕层深厚，结构良好，地面平整，排灌良好的地块。

6　栽培技术

6.1　茬口选择

严禁连茬，宜与冬小麦、春油菜、大豆、玉米等作物轮作。

6.2　播前整地

土地平坦，上虚下实；耕层25～30cm，耕层无坷垃；无较大的残株、残茬；达到播种状态。

6.3　播前施底肥

采用条播机施底肥，依据土壤肥力，每亩施腐熟农家肥2～2.5t、尿素5～8kg+磷酸二铵5～10kg+硫酸钾3～5kg等相同量的肥料作底肥。

6.4　品种选择

选择耐枯萎病、丰产稳产性好的品种，以伊犁本地自育亚麻品种伊亚系列为主，可选天鑫三号、伊亚五号、中亚三号等。

6.5　播种

6.5.1　播期

5cm最低地温≥5℃持续7天以上即可播种。根据不同亚麻栽培区域的地温不同，播期为3月25日至5月10日，伊宁市播种最早，昭苏播种最晚。

6.5.2　播种方法

条播，行距15cm，播深3～4cm，每亩播种量为8～11kg。

6.5.3　播种质量

播深一致，下种均匀，播行端直，覆土严密，视土壤墒情选择是否镇压严实。

6.6　苗期管理

6.6.1　苗期追肥

依据苗期长势，选择是否进行苗期追肥，若苗情较弱，可选择每亩人工撒施尿素3～5kg等相同量的肥料。

6.6.2　苗期化学除草

苗高5～10cm时，选择晴好天气进行田间杂草化除。每亩施40% 2甲4氯·溴苯腈乳油60mL+20%烯草酮乳油50mL，或40% 2甲4氯·溴苯腈乳油60mL+10.8%精喹禾灵乳油40mL，可有效防除阔叶类杂草和一年生禾本科杂草。

6.6.3　灌头水

依据天气情况和亚麻苗期长势，在化学除草后15～20天灌头水。灌水要求灌匀灌透，漫灌每亩灌水量为75～80m^3，滴灌每亩灌水量为60～65m^3。

6.7　现蕾期至成熟期管理

6.7.1　灌水

依据自然降水量，观察亚麻田间旱象进行灌水，在亚麻快生期、初花期、青果期分别灌水1次，漫灌每亩灌水量为

$75\sim80m^3$，滴灌每亩灌水量为$60\sim65m^3$。

6.7.2 人工去杂

在初花期开展人工去杂工作，利用花色、株高、分枝形态的差异去除杂株，去除田间大草。

6.8 病虫害综合防治

6.8.1 施药原则

农药使用应符合NY/T 393的要求。

6.8.2 综合防治

坚持"预防为主，综合防治"植保方针，以农业防治为基础，协调运用生物防治、物理防治、化学防治等防治技术，以期实现病虫害绿色防控。

6.8.3 农业防治

实行严格的轮作制度，与冬小麦、油菜、大豆等进行轮作。选用抗病品种。铲除田边地头和渠埂上杂草，降低越冬虫口和病源基数。培育壮苗，提高抗逆性。可在轮作期间施用充分腐熟的有机肥料配合化肥作为基肥施用。

6.8.4 物理防治

采用色板（带）诱条或性诱剂等物理诱捕，控制半翅目害虫。

6.8.5 生物防治

积极保护利用天敌昆虫如七星瓢虫、草蛉等，控制蚜虫为害。

6.8.6 化学防治

在发病初期，每亩用43%戊唑醇悬浮剂15～20g，或75%戊唑·百菌清可湿性粉剂40g，或25%丙环唑乳油25～30mL等药剂喷雾防治白粉病，轮换交替使用。

7 收获

7.1 采收时间

亚麻进入工艺成熟后，即茎秆变为黄色，可开展机械拔麻、铺麻。依据栽培地区降水和温度条件控制雨露沤麻时间，麻纤维沤制成浅灰色至银灰色即可打捆储藏。

7.2 产品质量

亚麻籽质量应符合GB/T 15681的要求。

8 包装与贮运

8.1 包装

应符合NY/T 658的要求。

8.2 贮运

应符合NY/T 1056的要求。

绿色食品原料　棉花栽培技术规程

1　范围

本技术规程规定了绿色食品原料A级棉花栽培的技术指标、产地要求、栽培技术、病虫害防治、收获、包装与贮运的要求。

本技术规程适用于伊犁州直绿色食品原料A级棉花的生产。

2　规范性引用文件

下列文件对于本文件的应用是必不可少的。凡是注日期的引用文件，仅所注日期的版本适用于本文件。凡是不注日期的引用文件，其最新版本（包括所有的修改单）适用于本文件。

GB 4407.1　经济作物种子　第1部分：纤维类

NY/T 391　绿色食品　产地环境质量

NY/T 393—2013　绿色食品　农药使用准则

NY/T 394—2013　绿色食品　肥料使用准则

NY/T 658　绿色食品　包装通用准则

NY/T 1056　绿色食品　贮藏运输准则

3　技术指标

留株数：每亩1.5万～1.6万株；

收获株数：每亩1.4万～1.5万株；

棉株高度：65～70cm；

单株果枝台数：6.5～7.5台；

单株铃数：5～6个；

单铃重：5.5～6.5g；

衣分率：39%～44%；

皮棉产量：亩产130～145kg。

4 产地要求

4.1 环境条件

应符合NY/T 391的要求。

4.2 土壤条件

选择耕层深厚、结构良好、地面平整、排灌良好、轻碱性或中性反应的沙壤土、灰钙土或轻黏土为宜。

5 栽培技术

5.1 播前准备

5.1.1 秋耕冬灌

实施秋耕冬灌，秋耕深度28～30cm，翻垡均匀，不拉沟、不漏耕。灌水做到均匀、不漏灌、不积水，每亩灌水量为90～100m³。

5.1.2 施基肥

肥料使用应符合NY/T 394的要求。每亩施腐熟有机肥2～3t、棉花专用肥30～40kg等相同量的肥料，结合秋翻全部深施。

5.1.3　整地

播前整地。适时整地，以保墒为中心，掌握好易耕期，切记地过干或过湿，采用复式作业，达到"墒、碎、净、松、平、齐"六字标准。

5.1.4　选用良种

选择适合早熟、抗病性强优良棉花品种。符合GB 4407.1—2008标准的种子，如新陆早65号、新陆早61等品种。健籽率要求达到99%以上，净度达到96%，发芽率达到90%以上，种子纯度达到95%以上，霜前花率达到90%以上，含水量不高于12%。

5.1.5　种子处理

播种前人工精选种子，将病、虫、杂粒去掉，选出均匀一致、籽粒饱满的种子，晒种1～2天。

5.2　播种

5.2.1　播种期

当膜内5cm地温稳定高于10℃时播种，根据墒情适期早播可以提高产量。一般4月10—25日播种，4月25日之后停止播种。

5.2.2　播种量

对于灌水条件良好、肥沃平整的土地，选用气播机播种，每亩播种量为1.8～2kg。播种后及时滴水，保证出苗水分供应。

5.3 播种方法

播种笔直，接行准确，下籽均匀，深浅一致，到头到边，膜面平展，膜边垂直压紧，覆土严密。播种深度2.0～2.5cm，覆土镇压严实。空穴率<3%。力争苗全、苗齐、苗壮。一般用125cm宽地膜，一机3膜，每膜4行2个滴灌带。株距为每米12穴，每亩理论株数为1.77万株，每亩保苗≥1.4万株即可。播种后遇雨，要及时破除板结。

5.4 田间管理

5.4.1 土壤封闭

每亩用50%乙草胺乳油60～70g等药剂，兑水40～60kg进行土壤封闭处理。

5.4.2 连接支管毛管

播种结束后将地头滴灌带打结或浅埋入土，组织专业人员尽快铺设好滴灌支管、副管，连接毛管。支管布局按照地面坡降大小、水源水量及压力来计算，合理布局，直管间距一般为60～80m。在出苗前由专业人员负责开机井试水、试压，检查滴灌管网，调至正常运行。

5.4.3 及时查苗、放苗，破除板结

棉花播后5～6天要查苗，出苗后应及时破膜放苗封土。发现漏播、缺苗断垄，用经催芽处理的种子及时补种。播后遇雨，要及时破除板结。

5.4.4 早间、定苗，早中耕

棉花适宜的留苗密度为每亩1.4万～1.5万株。中耕松土可

提温保墒，促壮苗早发，预防病害的发生。棉花出苗显行后立即中耕，中耕深度8～10cm。定苗后进行二次中耕，耕深14～16cm。

5.4.5 化控

根据"早、轻、勤"的调控原则，因品种、因质地、因长势、因气候进行化调。以化调措施塑理想株型，确保植株透气、光照良好，利于采收。一般来说，在苗期进行1～2次化控，在蕾期进行1～2次，在花铃期进行2～3次。旺苗在子叶期，每亩用缩节胺1g，兑水30kg叶面喷洒；弱苗在2叶至3叶期，每亩用99%磷酸二氢钾100g、尿素150g，兑水30kg叶面喷洒，或用其他叶面肥进行叶面追肥。在2叶至3叶期，每亩用缩节胺1.5g，兑水30kg叶面喷洒，以促根、壮苗、促早蕾的形成；在6叶至7叶期，每亩用缩节胺2g，兑水30kg叶面喷洒；在头水前，每亩用缩节胺3.5～4g，兑水45kg叶面喷洒，主要控制中下部主茎节间和下部果枝伸长；在打顶后4～5天（7月10日左右），每亩用缩节胺10g，兑水45～60kg叶面喷洒，主要控制上部主茎节间和上部果枝伸长；在7月底补控一次，每亩用缩节胺7～10g，兑水60kg叶面喷洒。

5.4.6 肥水管理

适时适量灌好头水是棉花丰产的关键，灌水次数应根据气候、土壤墒情和棉花长势长相灵活掌握。全生育期滴水9～11次，每亩滴水量为300～350m^3，坚持少量多次的高频灌溉。一般测算，棉花苗期占生育期耗水量的12%、蕾期占22%、花铃期占55%、吐絮期占11%。前三水至四水，根据棉花长势情况每亩随水滴尿素5～6kg。使用滴灌的棉田在滴水时应掌握少量多次、勤灌、轻灌的原则，决不可以一次水量太多。滴灌棉花生育期的灌水，要按照"前期少、中期丰、后期补"的原则进行。

5.4.7 打顶整枝

正常播期的高密度棉田应做到"枝到不等时"，晚播棉田做到"时到不等枝"。正常棉田在7月5日结束打顶，留果枝7~8台，果枝节间分布合理，株高控制在60~70cm。

对旺长棉田，在7月下旬至8月初进行人工整枝、剪群尖和无效花叶，降低棉株间湿度，减轻烂铃、促早熟。在8月20日前后剪去空枝老叶。

6 病虫害防治

6.1 农业防治

结合农事操作，及时秋翻冬灌，铲除烧毁田边杂草，拾净田内枯枝残叶，破坏病虫越冬环境，减少病虫来源，适当推迟头水，勤深中耕，提高地温，促进棉苗生长，提高其抗病性。

6.2 物理防治

采用灯光诱杀、色板（带）诱条或性诱剂等物理捕杀，控制鳞翅目、同翅目害虫。

6.3 生物防治

田内穿插种植油菜，田边种植玉米或高粱等高秆作物，招引天敌，防止害虫入侵。充分利用天敌，尽量轮作和麦稻邻作，保证棉田的生态稳定。

6.4　化学防治

农药使用应符合NY/T 393的要求。在蚜虫点片发生期，用2.5%氯氰菊酯乳油、10%吡虫啉可湿性粉剂2 000～3 000倍液等药剂喷雾，防治蚜虫；用20%乙螨唑悬浮剂10 000倍液，或34%螺螨酯悬浮剂6 000倍液等药剂喷雾，防治螨类；每亩用5%高效氯氟氰菊酯微乳剂12～18mL等药剂喷雾，防治棉铃虫。

7　收获

棉花吐絮后，及时采收，不采生花。杜绝"三丝"，保证棉花产量和品质。

8　包装贮运

8.1　包装

应符合NY/T 658的要求。

8.2　贮运

应符合NY/T 1056的要求。

第二部分

绿色食品　油料作物类栽培技术规程

绿色食品　春播向日葵栽培技术规程

1　范围

本规程规定了绿色食品A级春播向日葵栽培的技术指标、产地要求、栽培技术、收获、包装与贮运的技术要求。

本规程适用于伊犁州直绿色食品A级春播向日葵的生产区域。

2　规范性引用文件

下列文件对于本文件的应用是必不可少的。凡是注日期的引用文件，仅所注日期的版本适用于本文件。凡是不注日期的引用文件，其最新版本（包括所有的修改单）适用于本文件。

NY/T 1581　食用向日葵籽

GB 4407.2　经济作物种子　第2部分：油料类

NY/T 391　绿色食品　产地环境质量

NY/T 393—2013　绿色食品　农药使用准则

　　NY/T 394—2013　绿色食品　肥料使用准则

　　NY/T 658　绿色食品　包装通用准则

　　NY/T 1056　绿色食品　贮藏运输准则

3　技术指标

基本苗：每亩5 200～5 800株；

产量：亩产200～250kg。

4　产地要求

4.1　环境条件

产地环境符合NY/T 391的要求。

4.2　气候条件

全年有效积温≥2 100℃，降水量350mm以上。

4.3　土壤条件

选择中等肥力以上的地块。以地势平坦，排灌良好，土壤深度≥30cm、总盐含量≤3.0g/kg、有机质含量≥10g/kg、碱解氮含量≥40mg/kg、速效磷含量≥10mg/kg、速效钾含量≥180mg/kg的壤土和沙壤土为主。

5　栽培技术

5.1　播前准备

5.1.1　灌底墒水

可采用秋翻冬灌和春翻春灌，每亩灌水量为70～80m^3，灌水均匀，不冲不漏，保证灌水质量。

5.1.2 施基肥

肥料使用应符合NY/T 394的要求。每亩施优质腐熟有机肥1.5~2t、尿素8~10kg、磷酸二铵15~20kg等相同量的肥料。有机肥与化肥翻混施，翻地前均匀地撒于地面。若施用生物菌肥，化肥总量应减少10%~15%。

5.1.3 深翻

茬地、休闲地、绿肥地均要深耕，深度为25~30cm。

5.1.4 整地

整地质量要达到"平、松、碎、齐、净、墒"六字标准。

5.1.5 选用良种

种子质量应符合GB 4407.2的要求。发芽率90%以上。选择品质好、抗病、抗倒、适应性强的品种，以S606、矮大头、53177等品种为主。

5.1.6 种子处理

用种子重量0.3%的50%腐霉利可湿性粉剂，或50%多菌灵可湿性粉剂和种子重量0.3%的80%烯酰吗啉水分散粒剂，或72%霜脲·锰锌可湿性粉剂等防治油葵白锈病、菌核病等，同时剔除杂粒、病粒。包衣种子播种前3~5天，将种子晾晒1~2天。

5.2 播种

5.2.1 播种期

4月中下旬至5月上旬。

5.2.2 播种量

24行播种机播种，每亩播种量为700g；精量气播机播种，每亩播种量为450～500g。

5.2.3 播种方法

采用24行播种机或精量气播机进行播种，行宽45～50cm，留苗距离22～25cm。

5.2.4 播种质量

达到播深一致，下种均匀，播行端直，覆土严密，镇压严实。

5.3 田间管理

5.3.1 查苗补种

向日葵齐苗后，对于因机播时排种管堵塞而造成的较大面积漏播的空地和空行，应进行催芽补种。

5.3.2 苗期管理

5.3.2.1 化学除草

农药使用应符合NY/T 393的要求。在播种后出苗前，每亩用50%乙草胺乳油60～110mL等药剂喷雾封闭。

5.3.2.2 查田补苗

出苗时及时检查，发现缺苗断条应及时补苗。

5.3.2.3 田间定苗

当植株长出4片真叶时进行定苗，每穴留一株壮苗。

5.3.2.4 防治苗期害虫

在苗期害虫发生时，用4.5%的高效氯氰菊酯乳油1 500～

2 000倍液，或30%啶虫脒微乳剂1 500倍液等药剂喷雾防治1次。

5.3.3 中期管理

5.3.3.1 中耕除草

应进行3次中耕。第一次中耕在苗出齐后结合间苗进行，耕深8~10cm，不上土；第二次中耕在间苗7天后定苗时进行，耕深10~12cm；第三次中耕在7片至8片真叶期进行，耕深10~12cm，多培土。

5.3.3.2 施肥

在第三次中耕时，每亩追施尿素15~20kg等相同量的肥料。

5.3.4 后期管理

5.3.4.1 打底叶、去侧枝

当底部叶片发黄或有病斑时，应及时掰掉，发出的侧枝应及时去掉，促进主茎发育。

5.3.4.2 浇水

全生育期浇1~2次水。初花期时浇第一水，每亩灌水量为70~80m^3；如遇天气干旱，酌情浇第二水。

5.4 病虫害防治

5.4.1 施药原则

农药使用应符合NY/T 393的要求。

5.4.2 综合防治

坚持"预防为主，综合防治"植保方针，以农业防治为基础，协调运用生物防治、物理防治、化学防治等防治技术，以期实现病虫害绿色防控。

5.4.3　植物检疫

实行严格的检疫制度，分别对本地向日葵制种田、外地调进的向日葵种子实行产地检疫和调运检疫，确保向日葵种子无检疫性有害生物。

5.4.4　农业防治

实行严格的轮作制度，与禾本科作物进行轮作。选用抗病品种。秋收后清洁田园，将田间病株深埋或者销毁，向日葵收获后及时耕翻。培育壮苗，提高抗逆性。增施充分腐熟的有机肥料，配以叶面追肥，均衡施肥。

5.4.5　物理防治

采用灯光诱杀、色板（带）诱条或性诱剂等物理诱捕，控制鳞翅目、同翅目害虫。

5.4.6　生物防治

积极保护利用天敌昆虫如七星瓢虫、草蛉等，控制蚜虫等为害。

5.4.7　化学防治

5.4.7.1　防治向日葵螟

在7月下旬左右，每亩用5%高效氯氟氰菊酯微乳剂12～18mL，或70%吡虫啉水分散粒剂1.5～2g等药剂喷雾。

5.4.7.2　防治霜霉病、白锈病

在发病初期，每亩用80%烯酰吗啉水分散粒剂19～25g、72%霜脲·锰锌可湿性粉剂133～167g、64%噁霜·锰锌可湿性粉剂170～200g、69%烯酰·锰锌可湿性粉剂100～133g，或68%精甲霜·锰锌水分散粒剂100～120g等药剂喷雾。药剂轮换交替使用。

5.4.7.3 防治菌核病

在发病初期，用50%腐霉利1 000～1 200倍液，或50%多菌灵可湿性粉剂500倍液等药剂喷雾，药剂轮换交替使用。

5.4.7.4 防治黑茎病

发病初期，用50%多菌灵可湿性粉剂1 500倍液、70%甲基硫菌灵可湿性粉剂800倍液、64%噁霜·锰锌1 000倍液，或40%多硫悬浮剂800倍液等药剂喷雾为主。药剂轮换交替使用。

6 收获

6.1 采收时期

当向日葵花盘背变成白黄，边缘2cm变为褐色，植株中上部叶片黄化脱落，种子皮壳变硬现出本色时即可收获。割盘收获后及时晒干、脱粒精选包装成垛，用苫布苫好，防止淋雨。

6.2 产品质量

应符合GB 4407.2的要求。

7 包装与贮运

7.1 包装

应符合NY/T 658的要求。

7.2 贮运

应符合NY/T 1056的要求。

绿色食品 复播向日葵栽培技术规程

1 范围

本规程规定了绿色食品A级复播油葵的技术指标、产地环境、栽培技术、收获、包装与贮运的技术要求。

本规程适用于伊犁州直年≥10℃有效积温3 150~3 500℃，无霜期140~160天的区域。

2 规范性引用文件

下列文件对于本文件的应用是必不可少的。凡是注日期的引用文件，仅所注日期的版本适用于本文件。凡是不注日期的引用文件，其最新版本（包括所有的修改单）适用于本文件。

GB 4407.2 经济作物种子 第2部分：油料类

NY/T 391 绿色食品 产地环境质量

NY/T 393—2013 绿色食品 农药使用准则

NY/T 394—2013 绿色食品 肥料使用准则

NY/T 658 绿色食品 包装通用准则

NY/T 1056 绿色食品 贮藏运输准则

3 技术指标

基本苗：每亩5 500~6 000株；

产量：亩产150~180kg。

4 产地要求

4.1 环境条件

应符合NY/T 391的要求。

4.2 气候条件

无霜期110天以上，≥10℃积温2 200℃以上，年降水量330mm以上。

4.3 土壤条件

选择土壤肥力中等以上，耕层深厚，结构良好，地面平整，排灌良好，有机质含量≥2%，碱解氮含量≥60mg/kg，速效磷含量≥6mg/kg的壤土或沙壤土为宜。

5 栽培技术

5.1 播前准备

5.1.1 施肥整地

在麦熟前10~15天灌麦黄水。在翻地前撒施基肥，每亩施腐熟农家肥1~1.5t、磷酸二铵15kg等相同量的肥料。深翻土地，深度为20~25cm，整地质量达到"平、松、碎、齐、净、墒"六字标准。

5.1.2 品种选择

种子质量应符合GB 4407.2的要求，选择生育期短、早熟抗病高产、出油率高的品种，以NK858、新葵杂10号等为主栽品种。

5.1.3　种子处理

用种子重量0.3%的50%腐霉利可湿性粉剂，或50%多菌灵可湿性粉剂和种子重量0.3%的80%烯酰吗啉水分散粒剂，或72%霜脲·锰锌可湿性粉剂等药剂，防治油葵白锈病、菌核病等。同时剔除杂粒、病粒。在包衣种子播种前3～5天，将种子晾晒1～2天。

5.2　播种

5.2.1　播种期

一般在7月初小麦收后及时播种。

5.2.2　播种量

每亩播种量为0.4～0.5kg。

5.2.3　播种方法

采用精量气播机点播，行距50cm，播深2.5～3cm。

5.2.4　播种质量要求

播量准确，播深一致，下籽均匀，不重不漏，播行端直，覆土严密。

5.3　田间管理

5.3.1　中耕除草

中耕2次。第一次在显行时进行，中耕深度为6～8cm；定苗后及时进行第二次中耕培土，中耕深度为6～10cm。

5.3.2 追肥

在现蕾前开沟，每亩追施尿素15～20kg等相同量的肥料。

5.3.3 灌水

全生育期灌水2～3次，在油葵现蕾、开花和灌浆3个关键时期合理灌水。开始现蕾时及时灌头水，头水应灌足；15～20天后灌第二水；灌浆期如出现旱情，应及时灌1～2次水。

5.4 病虫害防治

5.4.1 农业防治

选用抗病品种，合理施肥与灌水。

5.4.2 化学防治

5.4.2.1 防治霜霉病、白锈病

在发病初期，每亩用80%烯酰吗啉水分散粒剂19～25g、72%霜脲·锰锌可湿性粉剂133～167g、64%噁霜·锰锌可湿性粉剂170～200g、69%烯酰·锰锌可湿性粉剂100～133g，或68%精甲霜·锰锌水分散粒剂100～120g等药剂喷雾。药剂轮换交替使用。

5.4.2.2 防治菌核病

在发病初期，用50%腐霉利1 000～1 200倍液、50%多菌灵可湿性粉剂500倍液等药剂喷雾。药剂轮换交替使用。

5.4.2.3 防治黑茎病

在发病初期，用50%多菌灵可湿性粉剂1 500倍液、70%甲基硫菌灵可湿性粉剂800倍液、64%噁霜·锰锌1 000倍液，或40%多硫悬浮剂800倍液等药剂喷雾。药剂轮换交替使用。

6　收获

6.1　采收

霜后即可收获。

6.2　产品质量

应符合GB 4407.2的要求。

7　包装与贮运

7.1　包装

应符合NY/T 658的要求。

7.2　贮运

应符合NY/T 1056的要求。

绿色食品原料 胡麻栽培技术规程

1 范围

本规程规定了绿色食品原料A级胡麻栽培技术的术语与定义、栽培技术、收获、包装与贮运的技术要求。

本规程适用于伊犁州直绿色食品原料A级胡麻的种植区域。

2 规范性引用文件

下列文件对于本文件的应用是必不可少的。凡是注日期的引用文件,仅所注日期的版本适用于本文件。凡是不注日期的引用文件,其最新版本(包括所有的修改单)适用于本文件。

GB 4407.1 经济作物种子 第1部分:纤维类

GB/T 15681 亚麻籽

NY/T 391 绿色食品 产地环境质量

NY/T 393—2013 绿色食品 农药使用准则

NY/T 394—2013 绿色食品 肥料使用准则

NY/T 658 绿色食品 包装通用准则

NY/T 1056 绿色食品 贮藏运输准则

3　术语与定义

下列术语和定义使用于本规程。

胡麻

亚麻分为纤维用型亚麻、油用型亚麻、油纤兼用亚麻，伊犁地区栽培的亚麻包含纤维用型亚麻和油用型亚麻，其中油用型亚麻俗称胡麻。

4　技术指标

基本苗：每亩35万～40万株；

收获株数：每亩20万～25万株；

千粒重：7.1～8.2g；

产量：亩产85～120kg。

5　产地要求

5.1　产地环境

环境质量应符合NY/T 391的要求。

5.2　产地气候

无霜期110天以上，≥10℃积温2 000℃以上，年降水量300mm以上。

5.3　产地土壤

选择土壤肥力中等及以上，耕层深厚，结构良好，地面平整，排灌良好。

6 栽培技术

6.1 茬口选择

严禁连茬，宜与冬小麦、春油菜、大豆、玉米等作物轮作。

6.2 播前整地

土地平坦，上虚下实；耕深25～30cm，耕层无坷垃；无较大的残株、残茬；达到播种状态。

6.3 播前施底肥

采用条播机施底肥。依据土壤肥力，每亩用腐熟农家肥2～2.5t、尿素8～10kg+磷酸二铵5～8kg+硫酸钾3～5kg等相同量的肥料混合施入。

6.4 品种选择

选择耐枯萎病、丰产稳产性好的品种，以伊犁本地自育胡麻品种伊亚系列为主，可选伊亚四号、伊亚六号等品种。

6.5 播种

6.5.1 播期

5cm最低地温>0℃持续7天以上即可播种。根据种植胡麻区域的地温不同，播期为3月25日至5月10日。

6.5.2 播种方法

条播，行距15cm，播深3～4cm，每亩播种量为4.5～5.5kg。

6.5.3 播种质量

播深一致，下种均匀，播行端直，覆土严密，视土壤墒情选择是否镇压严实。

6.6　苗期管理

6.6.1　苗期追肥

依据苗期长势，选择是否进行苗期追肥。若苗情较弱，每亩撒施尿素3～5kg等相同量的肥料。

6.6.2　苗期化学除草

在苗高5～10cm时，选择晴好天气进行田间杂草化除。每亩用40% 2甲4氯·溴苯腈乳油60mL+20%烯草酮乳油50mL，或40% 2甲4氯·溴苯腈乳油60mL+10.8%精喹禾灵乳油40mL喷施，可有效防除阔叶类杂草和一年生禾本科杂草。

6.6.3　灌头水

依据天气情况和胡麻苗期长势，选择在化学除草后第15～20天灌头水，灌水要求灌匀、灌透。漫灌每亩灌水量为70～75m³，滴灌每亩灌水量为60～65m³。

6.7　现蕾期至成熟期管理

6.7.1　灌水

依据自然降水量，根据胡麻田间旱象进行灌水。在胡麻现蕾期、初花期、青果期分别灌水1次，漫灌每亩灌水量为70～75m³，滴灌每亩灌水量为60～65m³。

6.7.2　人工去杂

在初花期开展人工去杂工作，利用花色、株高、分枝形态的差异去除杂株，去除田间大草。

6.8 病虫害综合防治

6.8.1 施药原则

农药使用应符合NY/T 393的要求。

6.8.2 综合防治

坚持"预防为主，综合防治"植保方针，以农业防治为基础，协调运用生物防治、物理防治、化学防治等防治技术，以期实现病虫害绿色防控。

6.8.3 农业防治

实行严格的轮作制度，与冬小麦、油菜、大豆等进行轮作。选用抗病品种。铲除田边地头和渠埂上杂草，降低越冬虫口和病源基数。培育壮苗，提高抗逆性。可在轮作期间施用充分腐熟的有机肥料配合化肥作为基肥施用。

6.8.4 物理防治

采用色板（带）诱条或性诱剂等物理诱捕，控制半翅目害虫。

6.8.5 生物防治

利用天敌昆虫如七星瓢虫、草蛉等，控制蚜虫为害。

6.8.6 化学防治

在发病初期，每亩用43%戊唑醇悬浮剂15～25g，或75%戊唑·百菌清可湿性粉剂40g，或25%丙环唑乳油25～30mL进行喷雾防治白粉病。药剂轮换交替使用。

7　收获

7.1　采收时间

胡麻进入成熟期后，可根据天气情况选择蒴果自然干燥时间的长短，一般选择自然干燥3～5天后，茎秆上部1/3成黄褐色同时蒴果成黄褐色时，开展机械收获。收获后晾晒、清选。如品种不同，做到单收、单晒、单贮。

7.2　产品质量

应符合GB/T 15681的规定。

8　包装与贮运

8.1　包装

应符合NY/T 658的要求。

8.2　贮运

应符合NY/T 1056的要求。

绿色食品 春油菜栽培技术规程

1 范围

本规程规定了绿色食品A级春油菜的术语和定义、技术指标、产地要求、栽培技术、收获、包装与贮运的技术要求。

本规程适用于伊犁州直绿色食品A级春油菜的种植区域。

2 规范性引用文件

下列文件对于本文件的应用是必不可少的。凡是注日期的引用文件,仅所注日期的版本适用于本文件。凡是不注日期的引用文件,其最新版本(包括所有的修改单)适用于本文件。

GB 4407.2 经济作物种子 第2部分:油料类

GB/T 11762 油菜籽

NY/T 391 绿色食品 产地环境质量

NY/T 393—2013 绿色食品 农药使用准则

NY/T 394—2013 绿色食品 肥料使用准则

NY/T 658 绿色食品 包装通用准则

NY/T 1056 绿色食品 贮藏运输准则

3 技术指标

收获株数:每亩2.5万~3.5万株;

单株有效角果数：75~90个；

角果粒数：26~30粒；

千粒重：4~4.5g；

单产：亩产200kg。

4 产地要求

4.1 环境条件

产地环境应符合NY/T 391的要求。

4.2 气候条件

无霜期110天以上，≥10℃积温1 300℃以上，年降水量在330mm以上。

4.3 土壤条件

选择土地平整、土层深厚，土壤有机质含量≥1.5%，碱解氮含量≥60mg/kg，速效磷含量≥12mg/kg壤土或沙壤土。

5 栽培技术

5.1 播前准备

5.1.1 灌底墒水

未冬灌或土壤墒情较差的地块应进行春灌，做到灌足、灌透。

5.1.2 施基肥

选择中上等土壤肥力，进行秋翻、深松和全层施肥，播前施足底肥。每亩施有机肥1.5 ~ 2.5t、尿素8 ~ 10kg、磷酸二铵10 ~ 20kg、硫酸钾3 ~ 5kg等相同量的肥料。

5.1.3 深翻

茬地、休闲地等均要深耕，深度为25 ~ 30cm。

5.1.4 整地

整地质量要达到"平、松、碎、齐、净、墒"六字标准。

5.1.5 选用良种

种子质量应符合GB 4407.2的要求，选择品质好、抗病、抗逆、适应性强的春油菜品种，如新油17号、圣光127、华油杂62、利油杂1号等品种。

5.1.6 种子处理

每亩用70%噻虫嗪可湿性粉剂4 ~ 5g，或600g/L吡虫啉悬浮种衣剂15 ~ 18mL，防治油菜虫害。

5.2 播种

5.2.1 播种期

适期早播，当日平均气温稳定在2 ~ 4℃，土壤解冻5 ~ 6cm时即可播种。冷凉地区一般在4月中旬至5月上旬播种。

5.2.2 播种量

每亩播种量为300 ~ 500g。

5.2.3 播种方法

采用15cm或30cm等行距播种，播种深度为2.5 ~ 3cm。

5.2.4 播种质量

达到播深一致，下种均匀，播行端直，覆土严密，镇压严实。

5.3 田间管理

5.3.1 查苗、补种

播种后，在漏播断条处要及时进行查苗补种，确保亩保苗株数。

5.3.2 中耕、除草

5.3.2.1 中耕

中耕深度以松土而不损伤根系为原则。苗期要及早中耕，以疏松土壤、提高地温、保水增气、蹲苗促根，中耕以2～3次为宜。

5.3.2.2 除草

在油菜5叶期或禾本科杂草2叶至4叶期，每亩用10.8%精喹禾灵乳油或12%烯草酮乳油30～40mL进行化学除草；在阔叶杂草3叶至4叶期，每亩用30%二氯吡啶酸水剂10.7～18g，或75%二氯吡啶酸可溶粒剂4.5～12g进行化学除草。

5.3.3 化控

在油菜4叶至6叶期，每亩用15%多效唑50～60g兑水50kg化控1次；在8～12天后，再每亩用15%多效唑30～40g兑水50kg化控第二次，可调节、控制油菜生长，防止倒伏。

5.3.4 叶面施肥

在抽薹、初花期，每亩喷施硼肥50g+99%磷酸二氢钾100g

等相同量的肥料，兑水15～30kg进行叶面追肥。

5.3.5 灌水

全生育期浇水次数及每次浇水量要依据土壤墒情和雨水多少而确定，但抽薹水不能少。蕾薹期是春油菜水分临界期，尤其开花期兑水分要求迫切，视春油菜长势和田间持水量，一般灌水2次，总每亩灌水量为180～200m³。春油菜中后期，灌水要尽量避开大风天气，以减少因灌水引起的倒伏。看苗情结合灌水或在阴雨天前，每亩撒施尿素5～8kg等相同量的肥料。

5.4 病虫害防治

5.4.1 施药原则

农药使用应符合NY/T 393的要求。

5.4.2 综合防治

坚持"预防为主，综合防治"植保方针，以农业防治为基础，协调运用生物防治、物理防治、化学防治等防治技术，以期实现病虫害绿色防控。

5.4.3 农业防治

进行严格种子消毒，培育无病虫壮苗，增施有机肥，采用配方施肥，拔除病株，摘除病叶，及时清洁田园。培育壮苗，提高抗逆性。增施充分腐熟的有机肥料，配以叶面追肥，均衡施肥。

5.4.4 物理防治

采用灯光诱杀、色板（带）诱杀或性诱剂等物理诱捕，控制鳞翅目、同翅目等害虫。

5.4.5 生物防治

积极保护利用天敌昆虫如七星瓢虫、草蛉等，控制蚜虫等为害。

5.4.6 化学防治

5.4.6.1 防治茎象甲

在油菜4叶期，每亩喷施5%除虫菊素乳油30～50mL，或20%啶虫脒液剂8～10mL等药剂，防治茎象甲成虫。

5.4.6.2 防治蚜虫

每亩用10%吡虫啉可湿性粉剂2 000～3 000倍液，或5%天然除虫菊素乳油25mL等药剂喷雾，防治蚜虫。

5.4.6.3 防治菌核病

在油菜蕾薹期至初花期，每亩喷施70%甲基硫菌灵可湿性粉剂70～90g，或50%腐霉利1 000～1 200倍液等药剂，防治菌核病。

6 收获

6.1 采收

油菜黄熟后期，穗下节间呈金黄色，穗下第一节间呈微绿色，籽粒饱满成熟，含水量达20%～30%时，应及时机械化收获。

6.2 产品质量

应符合GB/T 11762的要求。

7 包装与贮运

7.1 包装

应符合NY/T 658的要求。

7.2 贮运

应符合NY/T 1056的要求。

第三部分

绿色食品　糖料作物类栽培技术规程

绿色食品　甜菜栽培技术规程

1　范围

本技术规程规定了绿色食品A级甜菜栽培的技术指标、产地要求、栽培技术、收获、包装与贮运的要求。

本技术规程适用于伊犁州直绿色食品A级甜菜的生产。

2　规范性引用文件

下列文件对于本文件的应用是必不可少的。凡是注日期的引用文件，仅所注日期的版本适用于本文件。凡是不注日期的引用文件，其最新版本（包括所有的修改单）适用于本文件。

NY/T 391　绿色食品　产地环境质量

NY/T 393—2013　绿色食品　农药使用准则

NY/T 394—2013　绿色食品　肥料使用准则

NY/T 658　绿色食品　包装通用准则

NY/T 1056　绿色食品　贮藏运输准则

3 技术指标

保苗株数：每亩7 000 ~ 8 000株；

单个块根重：0.9 ~ 1.1kg；

甜菜块根产量：亩产5 ~ 7t。

4 产地要求

4.1 环境条件

应符合NY/T 391的要求。

4.2 土壤条件

选择土层深厚、结构良好、有机质含量高、pH值近中性、地势平坦、排水良好的地块，以中性反应的沙壤土、灰钙土或轻黏土为宜。甜菜忌重茬和迎茬，比较适宜的前作为麦类、豆类、绿肥等。种植甜菜的地块应实行4年以上的轮作。

5 栽培技术

5.1 播前准备

5.1.1 整地

保持土壤平整、疏松、墒足、干净。秋翻地用带镇压器旋耕机整地即可，耕深25 ~ 30cm。整地质量要达到"平、松、碎、齐、净、墒"六字标准。

5.1.2 施基肥

肥料使用应符合NY/T 394的要求。在秋季深翻前，每亩撒施腐熟有机肥2 ~ 3t、尿素15 ~ 20kg、磷酸二铵20 ~ 25kg、硫酸钾5～8kg等相同量的肥料作基肥。

5.1.3　选用良种

选择高产、高糖、抗病品种，如KWS2409、BETA796、BETA064、SD1283、SD21816、SD13829、ST14991、KWS1197等。采用包衣良种，要求种子清洁率98%，发芽率95%以上，种子质量达到国家二级以上良种标准。

5.2　播种

5.2.1　播种期

当5cm地温高于5℃时播种，根据墒情适期早播可以提高产量。板结严重地块，注意播种前查看未来7天天气预报，避开雨天，防止板结，保障出苗。伊犁地区一般在3月下旬至4月上旬播种。

5.2.2　播种量

对于灌水条件良好、肥沃平整的土地，选用气播机播种，每亩播种量为8 000粒。

5.2.3　播种方法

播种方法分两种：铺地膜和不铺地膜。铺地膜采用下列方法进行播种。不铺地膜与铺地膜的机械一样，就是不加地膜，不存在铺膜压土程序，株行距一样。

采用大型播种机膜上点播，一机播3膜6行。采用幅宽0.7～0.8m地膜，穴距17～18cm，滴距30cm滴灌带，一机6膜12行，播种、铺管、覆膜1次完成。等行距50cm，理论每亩保苗数7 800株。准备机械收获的甜菜可采用行距50cm。

播种深度为2.0~2.5cm，保证种子入湿土1cm以上，覆土厚度控制在0.5~1cm。在膜上每隔10m放置一小土堆，防止大风刮走滴灌带和地膜。若采用单膜，遇雨需要及时破除板结；若采用双膜覆盖，出苗后及时揭膜。

5.2.4 播种质量

达到播深一致，下种均匀，播行端直，覆土严密，镇压严实。对于大块土地或种植大户，要求犁一块、播一块，禁止大面积犁完地再播种。

5.2.5 土壤封闭

农药使用应符合NY/T 393的要求。播种后3天内，播前每亩用50%乙草胺乳油60~70g兑水40~60kg等进行土壤封闭处理，有效防除杂草滋生。在作物播种后、杂草出土前，均匀地喷洒在土壤表面。地膜覆盖要在压膜前施药。

5.3 田间管理

5.3.1 连接支管毛管

播种结束后，将地头滴灌带打结或浅埋入土，组织专业人员尽快铺设好滴灌支管、副管，连接毛管。支管布局按照地面坡降大小、水源水量及压力来计算，合理布局，直管间距一般为60~80m。在出苗前由专业人员负责开机井试水、试压，检查滴灌管网，调至正常运行。

5.3.2 及时查苗、放苗，破除板结

甜菜播后5~6天要查苗，出苗后及时破膜放苗封土。发现漏播、缺苗断垄，用经催芽处理的种子及时补种。播后遇雨，

及时破除板结。

5.3.3 早间、定苗，早中耕

甜菜间定苗要早，在2对真叶时开始，在3对真叶时结束。选留壮苗，拔掉病苗、弱苗，留苗要做到均匀、整齐、无双苗。

中耕松土可提温保墒，促壮苗早发，预防和减少立枯病的发生。甜菜出苗显行后应立即中耕，中耕深度为8～10cm。定苗后进行二次中耕，耕深14～16cm。

5.3.4 水肥管理

肥料使用应符合NY/T 394的要求。全生育期滴水7～8次，每亩总滴水量260～300m³。出苗水视土壤墒情而定，墒不足不能正常出苗的地块应立即滴水，每亩滴水量为10～15m³，以2个孔水印相接为宜。在6月中旬进行第一次滴水，每亩滴水量为40m³左右，随水每亩滴尿素6kg、优质滴灌肥5kg（氮磷钾含量为28-10-12，总养分≥50%）等相同量的肥料，以后每隔10～15天滴水1次，每亩滴水量为30～33m³。第三水时随水每亩滴尿素5kg、滴灌肥5kg等相同量的肥料。第四水时随水每亩滴尿素4kg、滴灌肥5kg等相同量的肥料。10月上旬，在甜菜收获前10～15天滴起拔水，每亩滴水量为30m³。

5.4 病虫害防治

5.4.1 农业措施

实行四年轮作，避免重茬和迎茬，与禾本科作物轮作为佳。改善土壤理化性质，增强透气性和透水性。及时中耕松土，破除板结，保持土壤疏松，提高地温，促进齐苗、壮苗。适时浇水，防止甜菜受旱，避免偏施氮肥，防止生长过旺，增强植株抗病性。

5.4.2 化学防治

农药使用应符合NY/T 393的要求。

在象鼻虫、地老虎发生时，用5%高效氯氟氰菊酯乳油200g等药剂，加水0.5kg，拌麦麸等3~4kg，制成毒饵，傍晚撒施于苗株附近进行诱杀。

防治褐斑病、白粉病，用50%多菌灵可湿性粉剂800倍液，或12.5%烯唑醇可湿性粉剂2 000倍液，在发病初期叶面喷施防治。

6 收获

最佳收获期是10月上旬，此时块根重量和含糖率达到最高水平，应及时收获。在收获前应将滴灌带和支、副管收回存放，同时将地膜清除出甜菜地，以利于机械起拔甜菜，减少白色污染。做到随挖、随拾、随切削、随拉运。

7 包装与贮运

7.1 包装

应符合NY/T 658的要求。

7.2 贮运

应符合NY/T 1056的要求。

第四部分

绿色食品　其他经济作物类栽培技术规程

绿色食品原料　薰衣草栽培技术规程

1　范围

本技术规程规定了绿色食品原料A级薰衣草栽培的技术指标、产地要求、扦插枝条繁育、一年生管理、二年生管理、盛产期管理、病虫害防治、收获、埋土越冬、包装与贮运的要求。

本技术规程适用于伊犁河谷绿色食品原料A级薰衣草种植区域。

2　规范性引用文件

下列文件对于本文件的应用是必不可少的。凡是注日期的引用文件，仅所注日期的版本适用于本文件。凡是不注日期的引用文件，其最新版本（包括所有的修改单）适用于本文件。

NY/T 391　绿色食品　产地环境质量

NY/T 394—2013　绿色食品　肥料使用准则

NY/T 393—2013　绿色食品　农药使用准则

NY/T 658　绿色食品　包装通用准则

NY/T 1056　绿色食品　贮藏运输准则

3　技术指标

基本苗：每亩833～926株；

产花量：每株0.5～0.7kg；

精油：一年生薰衣草，每亩产精油1.5～2.0kg；

二年生薰衣草，每亩产精油4～5kg；

三年以上（含三年生）薰衣草，每亩产精油7～8kg。

4　产地要求

4.1　环境条件

应符合NY/T 391的要求。

4.2　土壤选择

选择土层深厚，排灌良好，质地疏松肥沃，要求土壤总盐含量<0.2%，有机质含量>1%，碱解氮含量为60mg/kg、速效磷含量为4～8mg/kg的沙壤土或壤土。

5　扦插枝条繁育

5.1　品种（系）选择

选择品质好、抗逆性强的品种，以新薰一号、新薰二号、新薰三号及新薰四号等为主要品种。

5.2　选择种条

选择插条要在发育健壮、无病虫害、无生长畸形的优良种株上采用一年生半木质化健壮枝条。

5.2.1　扦插

整理好苗床，施足底肥。每亩施基肥2～3t、磷酸二铵15～20kg、硫酸钾8～10kg等相同量的肥料，并及时灌溉，进行平整。做6m×2m的苗床，覆膜扦插，要求扦插种条长度10cm，并用1 000mg/kg生根粉浸蘸12h，按株行距5cm×20cm进行扦插。

5.2.2　生长期管理

在生长期及时灌水施肥，灌2～3次水，每亩追施尿素12～15kg，并清除杂草，修剪延伸枝，摘除花穗，促进分枝生长，起苗时分枝要求在8个以上。

6　一年生管理

6.1　定植前准备

6.1.1　施基肥

每亩施腐熟有机粪肥1.5～2t或油渣100kg、磷肥15～20kg、尿素5～8kg、钾肥5～8kg等相同量的肥料。

6.1.2　犁地、整地

及时翻地犁地，犁地深度为25～30cm。整地质量达到"平、松、碎、齐、净、墒"六字标准。

6.1.3 挖定植坑

定植畦面平整一致，排灌方便。定植时挖深40cm、宽50cm的定植坑，每坑施入500~550g腐熟有机肥，加9~11g过磷酸钙等相同量的肥料，与熟土充分混匀待定植。

6.1.4 选苗及处理

定植的枝条苗应选生长健壮，分枝8个以上，无病虫害的一年生苗木，定植前将枝条用50%多菌灵500倍液或50%甲基硫菌灵700~800倍液等药剂+1 000mg/kg生根粉蘸根处理。

6.2 定植

6.2.1 定植时间

薰衣草可分为春、秋两季定植。秋植在10月下旬至11月上旬；春植在3月底至4月初。一般以秋季定植为主。

6.2.2 株行配置

株行距配置为分80cm×100cm和60cm×120cm两种定植方式，植株定植深度比原来在苗圃地深5cm。定植后要及时浇水，适时埋土，做好越冬准备。

6.3 田间管理

6.3.1 苗期修剪

全生育期修剪整枝3次。第一次整枝时间在5月下旬，即薰衣草现蕾30%时进行，用镰刀割去茎秆以上所有花穗；第二次在6月上旬；第三次在6月下旬。通过3次整枝，打破一年生薰衣草当年一次生殖发育现象，单株分枝倍增，并反复由生殖生长转入营养生长，而后又转入生殖生长，第三次生殖生长行将旺盛时期，此时收获花穗数达到最大程度。

6.3.2 中耕除草

在开春幼苗出土和每次灌水后及时中耕除草，保证田间无杂草，土壤疏松透气。缓苗和幼苗生长前期，中耕宜浅，不可距离植株太近，要留保护带；生长中期适当加深；进入收花期要及时拔除田间杂草。一年中耕4～5次。

6.3.3 施肥

6.3.3.1 追肥

第一次追肥在第一次整枝后进行，每亩施尿素15～20kg等相同量的肥料；第二次追肥在第二次整枝后进行，每亩施尿素、磷酸二铵各14～16kg等相同量的肥料。

6.3.3.2 叶面追肥

第一次叶面追肥在第一次整枝后进行，每亩施尿素70～80g等相同量的肥料，兑水15kg喷雾；第二次叶面追肥在第二次整枝后，每亩施尿素90～110g等相同量的肥料，兑水15kg喷雾；第三次叶面追肥在第三次整枝后，每亩施尿素150g，兑水15kg喷雾；第四次叶面追肥在8月初，在现蕾20%～25%时进行，每亩施尿素100g+99%磷酸二氢钾80g等相同量的肥料，兑水15kg喷雾；第五次叶面追肥在9月初现蕾末期进行，每亩施尿素120g+99%磷酸二氢钾100g等相同量的肥料，兑水15kg喷雾。

6.3.4 灌水

薰衣草兑水分要求较高，但不耐涝，生长前期及中期需水较多，后期适当，需水最多的时期是返青期至现蕾期，生育期各阶段不能受旱。第一水在苗木出土后；第二水在现蕾期；第三水在开花期；第四水在收获后；第五水在入冬前进行冬灌。根据地的干湿程度，进行滴灌，一般每次每亩灌水量为100～200m³。

7　二年生管理

7.1　整形修剪

剪除干枯枝、病虫枝，将植株修剪成半球形。

7.2　中耕除草

同6.3.2。

7.3　施肥

7.3.1　根部追肥

第一次在春季薰衣草返青时灌头水前进行，每亩追施尿素、磷酸二铵各15kg；第二次在头茬花（6月底至7月初）收割后，每亩追施尿素15kg、磷酸二铵10kg、钾肥5kg等相同量的肥料。

7.3.2　叶面追肥

第一次在5月上旬植株现蕾达到15%～30%时进行，每亩用尿素100g+99%磷酸二氢钾120g等相同量的肥料，兑水15kg叶面喷施；第二次在5月底即现蕾末期、初花期进行，每亩用尿素100g+99%磷酸二氢钾120g等相同量的肥料，兑水15kg叶面喷施；第三次在头茬花收割后，8月初植株现蕾20%时进行，每亩用尿素120g+99%磷酸二氢钾120g等相同量的肥料，兑水15kg叶面喷施；第四次在现蕾末期8月底至9月初，每亩用尿素100g+99%磷酸二氢钾120g等相同量的肥料，兑水15kg叶面喷施。

7.4 灌水

同6.3.4。

8 盛产期管理

8.1 疏枝

以两年生薰衣草头茬花收获后的株型为准。疏枝修剪的时间：三年生薰衣草疏枝修剪时间在两年生薰衣草二茬花收获后进行；四年生薰衣草疏枝及整形修剪时间在三年生薰衣草头茬花收割后进行，依此类推。

8.2 整形修剪

剪除干枯枝、病虫枝，将植株修剪成半球形。植株进入衰老期后，要及时剪除下垂枝、密生枝，疏除衰老枝，短截营养枝，促发新生枝。

经过疏枝修剪后，行与行之间无枝条交叉，行间清楚。

8.3 中耕除草

同6.3.2。

8.4 灌水

同6.3.4。

8.5 施肥

盛产期薰衣草每年追肥4次。第一次追肥在植株返青初期，每亩追施尿素15kg、磷酸二铵15kg等相同量的肥料，距苗侧10cm处施入，施肥深度为20~25cm；第二次追肥在现蕾初期，每亩追施尿素10kg、磷酸二铵15kg等相同量的肥料；第三次在收花后，结合灌水，每亩追施尿素5~8kg、磷酸二铵10kg、钾肥5kg等相同量的肥料；第四次在冬灌前，每亩追施腐熟有机肥1 000kg。叶面追肥从返青后至开花前进行，收花后补喷一次，每亩用99%磷酸二氢钾200g、尿素80~100g等相同量的肥料，每隔7~10天喷1次，全年4~5次。

9 病虫害防治

9.1 农业防治

合理密植，增强通风，清洁田园，加强肥水管理，合理灌溉，增施磷钾肥，促进植株健壮生长。

9.2 生物防治

积极利用天敌防治病虫害，对于田间叶螨零星发生的地块投放天敌捕食螨防治。

9.3 化学防治

根腐病：春季结合施肥，每亩用哈茨木霉菌和绿木霉各2kg与有机肥混合施入根附近，以培育壮苗防薰衣草根腐病。

沫蝉：在沫蝉若虫期，喷施3%高渗苯氧威乳油2 500倍液或1%苦参乳油4 000倍液防治沫蝉。

10 收获

10.1 收割时间

一年生薰衣草收割在最后一次整枝90天后进行，即10月初。二年生薰衣草收割两次，第一次在6月下旬，第二次在9月底10月初。适时收割，在花穗50%～60%开花时开始收割花穗，以盛花期至末花期为适宜收割期。盛产期薰衣草收获期为花穗70%～80%开放。

10.2 采收标准

收割前7～10天停水，收割时严格执行采收标准。在花序的最低花轮以下5cm左右收割花穗，不多带花梗，不带青叶、杂草、土块等杂物，特别是影响精油质量香气的杂物。收获后12h内加工完毕。

11 埋土越冬

埋土工作应在10月底至11月上中旬上冻前进行，从行间取土将土盖在枝条上，要把地上部分80%以上的枝条全部埋在土中，到来年春季4月上旬将土扒掉，注意不要损伤枝条，并剪去不整齐枝、老枝、枯枝、断枝。

12 包装与贮运

12.1 包装

应符合NY/T 658的要求。

12.2 贮运

应符合NY/T 1056的要求。

绿色食品原料 薄荷栽培技术规程

1 范围

本技术规程规定了绿色食品原料A级椒样薄荷栽培的产地要求、新植椒样薄荷管理栽培技术、两年及两年以上椒样薄荷管理、病虫害防治、收获、包装与贮运的要求。

本技术规程适用于伊犁河谷绿色食品原料A级椒样薄荷的种植区域。

2 规范性引用文件

下列文件对于本文件的应用是必不可少的。凡是注日期的引用文件，仅所注日期的版本适用于本文件。凡是不注日期的引用文件，其最新版本（包括所有的修改单）适用于本文件。

NY/T 391 绿色食品 产地环境质量

NY/T 394—2013 绿色食品 肥料使用准则

NY/T 393—2013 绿色食品 农药使用准则

NY/T 658 绿色食品 包装通用准则

NY/T 1056 绿色食品 贮藏运输准则

3 产地要求

3.1 产地环境

环境质量应符合NY/T 391的要求。

3.2 土壤选择

选择地势平坦，排灌方便，土质疏松，中等肥力以上，土壤pH值为7.5 ~ 8，土壤总盐含量<0.2%，有机质含量>1%，碱解氮含量>60mg/kg，速效磷含量>8mg/kg的壤土或沙壤土。前茬以冬小麦、玉米、豆类、绿肥种植为宜。

4 新植椒样薄荷管理

4.1 定植前准备

4.1.1 施基肥

肥料的选择和使用以有机肥为主，氮、磷、钾配合施用，应符合NY/T 394的要求，施足基肥。每亩施有机肥1 000 ~ 2 000kg、磷肥20 ~ 25kg、尿素8 ~ 10kg、钾肥5 ~ 8kg等相同量的肥料，均匀撒施地表。

4.1.2 犁地、整地

犁地与施肥相结合，及时犁地，深翻25 ~ 30cm。整地要求达到"平、松、碎、齐、净、墒"六字标准。

4.1.3 种根准备

选择茎尖脱毒组织培养的粗壮、新鲜、无病的地下茎匍匐茎做种根，种根最好随挖随栽。

4.1.4 种根处理

种根最好随挖随栽，定植前对种根用50%多菌灵可湿性粉剂1 000倍液等药剂进行喷雾处理。

4.2 定植

4.2.1 定植时间

椒样薄荷定植一般采取秋植和春植；秋植一般在9月中下旬至10月下旬土壤封冻前完成。春植一般在3月中下旬至4月中旬为宜。

4.2.2 定植量

选择一年生粗壮、新鲜、无病的地下茎断或者匍匐茎作种根，每亩种根使用量为70~100kg。

4.2.3 定植方法

机力开沟条播，行距30~40cm，沟深6~8cm。栽种前从种苗田挖出种根，切成10~15cm长的茎段，按株距6~10cm将种根平放沟内。边摆边覆土，覆土深度为4~5cm，栽后立即镇压浇水。整好地后，根据地形地势，每隔6~8m与播种方向同向打一田埂，以利于灌溉。

4.2.4 定植密度

一般密度为每亩15万~18万株，高肥田为每亩15万株，中低肥田为每亩18万株。中低肥田茎叶比（以分枝叶与主茎叶片数的比值为参考）为1：（5.5~7.5），高肥田茎叶比为1：（7.5~9.5）。

4.3 田间管理

4.3.1 查苗补栽

田间出苗后，对缺苗地立即进行人工补栽或移栽，移栽后立即灌水，确保全苗。移栽一般在4月下旬至5月上旬进行，头刀的密度控制在每亩2万～3万株。

4.3.2　去杂保纯

当苗高6～10cm时，依据所种椒样薄荷良种的形态特征，及时将野杂椒样薄荷苗连根挖起。为保证纯度，应反复多次清理。

4.3.3　中耕除草

田间苗行显现后立即进行人工松土除草，可分3次进行。第1次在苗高5～10cm时，第2次在封行前（分枝期），第3次在收割前去除杂草，防止有异味的杂草混入，影响精油质量。苗期一般每浇1次水，松土1次。去除杂株一般在苗期和现蕾始花前进行，依据所种椒样薄荷良种的形态特征，及时将野杂椒样薄荷苗连根拔起。为保证纯度，应反复多次清理。

4.3.4　化学除草

农药的使用应符合NY/T 393的规定。在禾本科杂草3叶至5叶期，每亩用15%精吡氟禾草灵乳油75～100mL等药剂，兑水40kg喷洒，防除禾本科杂草。每亩用25%灭草松水剂200～250g等药剂，兑水40kg喷洒，防除阔叶杂草。

4.3.5　灌水

椒样薄荷幼苗期根系尚未形成，需水量不大，但要及时小水畦灌，灌好促苗水，一般看地的干湿程度，每隔15～20天灌一水，从出苗至收获共需灌5～6次水。收割前20～25天停水，收割时以地表"发白"为宜。

4.3.6　追肥

施肥时应掌握一个原则：重施基肥，巧施追肥，增加叶面肥，生长前、后期轻施，中期重施。在椒样薄荷苗高10～15cm

时，根据苗情每亩施尿素5～8kg等相同量的肥料，追完肥浇三水；在苗高40～45cm时，每亩施尿素5～8kg、磷酸二铵7～10kg等相同量的肥料，追完肥浇四水；在苗高60～70cm时，每亩施尿素10kg、磷酸二铵10kg等相同量的肥料，追完肥浇五水；蕾花期进行叶面施肥，防早衰、落叶，每亩施99%磷酸二氢钾200g等相同量的肥料，叶面喷施2～3次。

5 两年及两年以上椒样薄荷管理

5.1 去杂保纯

当苗高6～10cm时，依据所种椒样薄荷良种的形态特征，及时将野杂椒样薄荷苗连根挖起。为保证纯度，应反复多次清理。

5.2 中耕除草

在春天，应用中耕机对老椒样薄荷大田进行中耕疏苗。显行后立即进行人工松土除草，提高地温。苗期一般每浇1次水，松土除草1次，封行前中耕除草3～4次。收割前拔净田间杂草，以免影响椒样薄荷油的品质。

5.3 化学除草

同4.3.4的方法。

5.4 适时追肥

一般遵行苗期轻施、中期重施、后期少施的原则。在椒样薄荷苗高10～15cm时根据苗情，每亩施尿素5～8kg等相同量的肥料，追完肥浇一水；在苗高40~45cm时，每亩施尿素5~8kg、磷酸二铵7~10kg等相同量的肥料，追完肥浇二水；在苗高60~70cm时，每亩施尿素10kg、磷酸二铵10kg等相同量的肥料，追完肥浇三水；在蕾花期进行叶面施肥，防早衰、落叶，每亩施99%磷酸二氢钾200g等相同量的肥料，叶面喷施2~3次。

5.5　灌水

同4.3.5的方法。

6　病虫害防治

6.1　防治原则

采取预防为主、综合防治的原则，农药使用应符合NY/T 393的要求。

6.2　农业防治

在秋季收割之后和越冬前实施秋翻冬灌，有效杀死和抑制椒样薄荷的病虫源，降低来年病虫害发生基数。加强中耕除草，提高土壤通透性，促进椒样薄荷生长势，以提高增强植株抗病性。科学合理施肥和灌水，恢复植株健壮。及时清扫落叶等，避免牲畜对椒样薄荷的取食和践踏。

6.3　物理防治

采用频振灯诱杀等方法诱杀小飞蛾及椒样薄荷卷叶蛾等害虫。

6.4 化学防治

6.4.1 防治锈病

在发病初期，每亩用35%甲硫·氟环唑悬浮剂93～100mL、25%丙环唑乳油30～40mL、80%戊唑醇水分散粒剂6g、20%三唑酮乳油1 000倍液，或80%粉唑醇可湿性粉剂6～10g等药剂喷雾。各种药剂轮换交替使用。

6.4.2 防治黑茎病

在黑茎病发病初期，用50%多菌灵可湿性粉剂1 500倍液、70%甲基硫菌灵可湿性粉剂800倍液、64%噁霜·锰锌1 000倍液，或40%多硫悬浮剂800倍液等药剂喷雾。各种药剂轮换交替使用。

6.4.3 防治红蜘蛛

用20%乙螨唑悬浮剂10 000倍液，或34%螺螨酯悬浮剂5 000～6 000倍液等药剂喷雾。

7 收获

7.1 采收时间

田间主茎花序开花达50%时（30%），即可收割。此时叶量最多，也是产油量最高的时期。垦区内大面积收获一般在8月初进行。

7.2 收获原则

先收老椒样薄荷，再收新椒样薄荷；晴天割，阴雨天不割；11：00前和20：00后不割；割茬要低，不超过5cm。收割做到"割茬低、割得净、收得净、扫得净"。

7.3　晾干

割下的椒样薄荷植株，应在地里晒一天一夜后，再拉去加工。切忌鲜植株成堆垛放或长时间晾晒，避免割后淋雨。

7.4　清扫落叶

收割完的地块，在第二天早上露水未干时，及时人工清扫并装袋，切忌在中午强光下扫叶。要坚持收割完一块、扫干净一块。

8　包装与贮运

8.1　包装

应符合NY/T 658的要求。

8.2　贮运

应符合NY/T 1056的要求。

绿色食品原料 留兰香栽培技术规程

1 范围

本技术规程规定了绿色食品原料A级留兰香栽培的产地要求、两年及两年以上留兰香管理、新植留兰香管理、病虫害防治、收获、包装与贮运的要求。

本技术规程适用于伊犁河谷绿色食品原料A级留兰香的种植区域。

2 规范性引用文件

下列文件对于本文件的应用是必不可少的。凡是注日期的引用文件，仅所注日期的版本适用于本文件。凡是不注日期的引用文件，其最新版本（包括所有的修改单）适用于本文件。

NY/T 391 绿色食品 产地环境质量

NY/T 394—2013 绿色食品 肥料使用准则

NY/T 393—2013 绿色食品 农药使用准则

NY/T 658 绿色食品 包装通用准则

NY/T 1056 绿色食品 贮藏运输准则

3 产地要求

3.1 产地环境

环境质量应符合NY/T 391的要求。

3.2　土壤选择

选择地势平坦，排灌方便，土质疏松，中等肥力以上，土壤pH值为7.5～8，土壤总盐含量≤0.2%，有机质含量≥1%，碱解氮含量≥60mg/kg，速效磷含量≥8mg/kg的壤土或沙壤土为宜。前茬以冬小麦、玉米、豆类、绿肥种植为宜。

4　新植留兰香管理

4.1　定植前准备

4.1.1　施基肥

肥料的选择和使用以有机肥为主，氮、磷、钾配合施用，应符合NY/T 394的要求，施足基肥。每亩施有机肥1～2t、磷肥20～25kg、尿素8～10kg、钾肥5～8kg等相同量的肥料，均匀撒施地表。

4.1.2　犁地、整地

犁地与施肥相结合，及时犁地，深翻25～30cm。整地要求达到"平、松、碎、齐、净、墒"六字标准。

4.1.3　种根准备

选择茎尖脱毒组织培养的粗壮、新鲜、无病的地下茎匍匐茎做种根，种根最好随挖随栽。

4.1.4　种根处理

种根最好随挖随栽，在定植前对种根采用50%多菌灵可湿性粉剂1 000倍液等药剂进行喷雾处理。

4.2　定植

4.2.1　定植时间

留兰香定植一般采取秋植和春植；秋植一般在9月中下旬至10月下旬土壤封冻前完成。春植一般在3月中下旬至4月中旬为宜。

4.2.2　定植量

选择一年生粗壮、新鲜、无病的地下茎段或者匍匐茎作种根，每亩种根使用量为70~100kg。

4.2.3　定植方法

机力开沟条播，行距30~40cm，沟深6~8cm。栽种前从种苗田挖出种根，切成10~15cm长的茎段，按6~10cm株距将种根平放沟内。边摆边覆土，覆土深度为4~5cm，栽后立即镇压浇水。整好地后，根据地形地势，每隔6~8m与播种方向同向打一田埂，以利于灌溉。

4.2.4　定植密度

一般密度为每亩15万~18万株，高肥田为每亩15万株，中低肥田为每亩18万株。中低肥田茎叶比为1：（5.5~7.5），高肥田茎叶比为1：（7.5~9.5）。

4.3　田间管理

4.3.1　查苗补栽

田间出苗后，对缺苗地立即进行人工补栽或移栽，移栽后立即灌水，确保全苗。移栽一般在4月下旬至5月上旬，头刀的密度控制在每亩2万~3万株。

4.3.2　去杂保纯

当苗高6～10cm时，依据所种留兰香良种的形态特征，及时将野杂留兰香苗连根挖起。为保证纯度，应反复多次清理。

4.3.3　中耕除草

在田间苗行显现后立即进行人工松土除草，可分3次进行。第1次在苗高5～10cm时；第2次在封行前（分枝期）；第3次在收割前去除杂草，防止有异味的杂草混入，影响精油质量。苗期一般每浇一次水，松土一次。

4.3.4　化学除草

农药的使用应符合NY/T 393的要求。在禾本科杂草3叶至5叶期，每亩用15%精吡氟禾草灵乳油75～100mL等药剂，兑水40kg喷洒，防除禾本科杂草。每亩用25%灭草松水剂200～250g等药剂，兑水40kg喷洒，防除阔叶杂草。

4.3.5　灌水

留兰香幼苗期根系尚未形成，需水量不大，但要及时小水畦灌，灌好促苗水。一般看地的干湿程度，每隔15～20天灌一水，从出苗至收获共需灌5～6次水。收割前20～25天停水，收割时以地表"发白"为宜。

4.3.6　追肥

施肥时应掌握一个原则：重施基肥，巧施追肥，增加叶面肥，生长前、后期轻施，中期重施。在留兰香苗高10～15cm时，根据苗情每亩施尿素5～8kg等相同量的肥料，追完肥浇三水；在苗高40～45cm时，每亩施尿素5～8kg、磷酸二铵7～10kg等相同量的肥料，追完肥浇四水；在苗高60～70cm

时，每亩施尿素10kg、磷酸二铵10kg等相同量的肥料，追完肥浇五水；在蕾花期进行叶面施肥，防早衰、落叶，每亩施99%磷酸二氢钾200g等相同量的肥料，叶面喷施2～3次。

5 两年及两年以上留兰香管理

5.1 去杂保纯

当苗高6～10cm时，依据所种留兰香良种的形态特征，及时将野杂留兰香苗连根挖起，为保证纯度，反复多次清理。

5.2 中耕除草

在春天，应用中耕机对老留兰香大田进行中耕疏苗。显行后立即进行人工松土除草，提高地温。苗期一般每浇一水，松土除草1次，封行前中耕除草3～4次。收割前拔净田间杂草，以免影响留兰香油的品质。

5.3 化学除草

同4.3.4的方法。

5.4 适时追肥

一般遵行苗期轻施、中期重施、后期少施的原则。在留兰香苗高10～15cm时，根据苗情每亩施尿素5～8kg等相同量的肥料，追完肥浇一水；在苗高40～45cm时，每亩施尿素5～8kg、磷酸二铵7～10kg等相同量的肥料，追完肥浇四水；在苗高60～70cm时，每亩施尿素10kg、磷酸二铵10kg等相同量的肥料，追完肥浇五水；在蕾花期进行叶面施肥，防早衰、落叶，每亩施99%磷酸二氢钾200g等相同量的肥料，叶面喷施2～3次。

5.5　灌水

同4.3.5的方法。

6　病虫害防治

6.1　防治原则

采取预防为主、综合防治的原则，农药使用应符合NY/T 393的要求。

6.2　农业防治

在秋季收割之后和越冬前实施秋翻冬灌，有效杀死和抑制留兰香的病虫源，降低来年病虫害发生基数。加强中耕除草，提高土壤通透性，促进留兰香生长势，以提高增强植株抗病性。科学合理施肥和灌水，恢复植株健壮。及时清扫落叶等，避免牲畜对留兰香的取食和践踏。

6.3　物理防治

采用频振灯诱杀等方法诱杀小飞蛾及留兰香卷叶蛾等害虫。

6.4　化学防治

6.4.1　防治锈病

在发病初期，每亩用35%甲硫·氟环唑悬浮剂93～100mL、25%丙环唑乳油30～40mL、80%戊唑醇水分散粒剂6g、20%三唑酮乳油1 000倍液，或80%粉唑醇可湿性粉剂

6～10g等药剂喷雾。各种药剂轮换交替使用。

6.4.2 防治黑茎病

在发病初期，用50%多菌灵可湿性粉剂1 500倍液、70%甲基硫菌灵可湿性粉剂800倍液、64%噁霜·锰锌1 000倍液，或40%多硫悬浮剂800倍液等药剂喷雾。各种药剂轮换交替使用。

6.4.3 防治红蜘蛛

用20%乙螨唑悬浮剂10 000倍液，或34%螺螨酯悬浮剂5 000～6 000倍液等药剂喷雾。

7 收获

7.1 采收时间

田间主茎花序开花达50%时（30%），即可收割。此时叶量最多，也是产油量最高的时期。垦区内大面积收获一般在8月初进行。

7.2 收获原则

先收老留兰香，再收新留兰香；晴天割，阴雨天不割；11：00前和20：00后不割；割茬要低，不超过5cm。收割做到"割茬低、割得净、收得净、扫得净"。

7.3 晾干

割下的留兰香植株，应在地里晒一天一夜后，再拉去加工。切忌鲜植株成堆垛放或长时间晾晒，避免割后淋雨。

7.4　清扫落叶

收割完的地块，在第二天早上露水未干时，及时人工清扫并装袋，切忌在中午强光下扫叶。要坚持收割完一块、扫干净一块。

8　包装与贮运

8.1　包装

应符合NY/T 658的要求。

8.2　贮运

应符合NY/T 1056的要求。

第三篇　饲料及绿肥作物类

绿色食品　青贮玉米栽培技术规程

1　范围

本技术规程规定了绿色食品A级青贮玉米的术语与定义、技术指标、产地要求、栽培技术、病虫害防治、收获、包装与贮运的要求。

本技术规程适用于伊犁州直绿色食品A级青贮玉米的种植区域。

2　规范性引用文件

下列文件对于本文件的应用是必不可少的。凡是注日期的引用文件，仅所注日期的版本适用于本文件。凡是不注日期的引用文件，其最新版本（包括所有的修改单）适用于本文件。

GB 4404.1　粮食作物种子　第1部分：禾谷类

GB/T 25882　青贮玉米品质分级

NY/T 391　绿色食品　产地环境质量

NY/T 393—2013　绿色食品　农药使用准则

NY/T 394—2013　绿色食品　肥料使用准则

NY/T 658　绿色食品　包装通用准则

NY/T 1056　绿色食品　贮藏运输准则

3 术语和定义

下列术语和定义适用于本规程。

3.1 青贮玉米

又称饲料玉米，是指将果穗、茎叶都用于饲料的玉米，有别于生产籽粒和其他类型的玉米。

3.2 青贮玉米产量

在乳熟期至蜡熟期，将种植的青贮玉米所有的地上部分（玉米茎秆、玉米苞等）齐地面刈割，以干物质量计产量。

4 技术指标

保苗株数：每亩5 500~6 500株；
生物产量：亩产5 000~6 000kg。

5 产地要求

5.1 环境条件

应符合NY/T 391的要求。

5.2 选地

适宜机械作业的地块，选择耕层深厚，结构良好，地面平整，排灌良好，有机质含量≥1.5%，碱解氮含量≥60mg/kg，速效磷含量≥20mg/kg的壤土或沙壤土为宜。

6 栽培技术

6.1 播前准备

6.1.1 施基肥

肥料使用应符合NY/T 394的要求。每亩施腐熟有机肥2~3t、尿素10~12kg、磷酸二铵18~20kg、硫酸钾8~10kg等相同量的肥料，均匀撒于地面，结合翻地施入。

6.1.2 深翻土壤

提倡秋耕冬灌，春季适时抢墒犁整地。茬地、休闲地、绿肥地均要深耕，耕深28~30cm，每3年进行一次深松耕。秋翻地用旋耕机整地即可，深度以15~20cm为宜。

6.1.3 整地

整地质量要达到"平、松、碎、齐、净、墒"六字标准。

6.1.4 品种选择

种子质量应符合GB 4404.1的要求，选择植株高大、抗倒力强、生物产量高的青贮玉米品种，以新饲玉12、新饲玉17、新饲玉18、郑青贮1号、中北412等为主。

6.1.5 种子处理

农药使用应符合NY/T 393的要求。每100kg种子用2%戊唑醇湿拌种剂200~300g拌种，防治玉米瘤黑粉病；用60%吡虫啉悬浮剂500~600mL，或30%噻虫嗪悬浮剂200~300mL等药剂，兑水1kg进行拌种，防治地下害虫兼治蚜虫。

6.2 播种

6.2.1 播种期

6.2.1.1 春播

5cm地温稳定在10～12℃时开始播种,伊犁河谷适宜播期在4月上旬至5月上旬。

6.2.1.2 复播

复播重点在有效积温3 400℃以上区域。在早熟马铃薯、冬油菜或冬小麦等作物收获前浇好底墒水,待作物收获后及时翻耕适墒播种,一般在6月下旬为宜。

6.2.2 播种量

每亩播种量为2.5～2.8kg。

6.2.3 播种方法

气吸式精量播种机播种,播深4～5cm,播后镇压。

6.2.4 合理密植

每亩5 500～6 500株,行距50cm,株距20～24cm。

6.3 田间管理

6.3.1 中耕

全生育期机械或人工中耕除草2次。在4叶至5叶期进行第一次中耕,在拔节期前后进行第二次中耕,中耕深度以15cm为宜。

6.3.2 追肥

追肥以氮肥为主,结合中耕开沟,沟施或人工穴施,每亩施尿素20～30kg等相同量的肥料。施肥后浇水。

6.3.3 灌水

全生育期灌水2～4次，适时灌好拔节、孕穗水。第一水在6月上中旬（喇叭口期），选择无大风日进行；第二水在头水后10～15天进行，每亩灌水量为70～80m^3；后期浇水根据墒情，每次每亩灌水量为60m^3。

7 病虫害防治

7.1 防治原则

坚持"农业防治、物理防治为主，生物化学防治为辅"的无害化治理原则，农药使用应符合NY/T 393的规定。

7.2 农业防治

（1）选用抗（耐）病虫品种，减轻玉米病虫害为害。

（2）采用机械收获，秸秆粉碎还田，改善土壤理化性能，破坏玉米螟及其他地下害虫寄生环境。

（3）合理安排茬口，压低病虫源基数。

（4）及时清除田边地头杂草，消灭早期玉米叶螨栖息场所。

7.3 物理防治

春播青贮在玉米螟越冬代成虫羽化期，采用频振式杀虫灯、性诱剂等措施诱杀玉米螟成虫。

7.4 化学防治

在苗期，用70%吡虫啉水分散粒剂100倍液，或30%噻虫嗪悬浮剂100倍液等药剂，拌麸皮等制作毒饵，诱杀地下害虫。

玉米螟防治：春播青贮玉米在一代玉米螟田间卵孵化盛期（玉米小喇叭口期），每亩使用20%氯虫苯甲酰胺悬浮剂8~10mL，或40%氯虫噻虫嗪水分散粒剂8g等药剂进行田间喷雾防治。

玉米蚜虫防治：在苗期和抽雄初期是防治玉米蚜虫的关键时期，若发现蚜虫较多，选用10%吡虫啉可湿性粉剂1 000倍液、10%氯氰菊酯乳油2 000倍液、50%抗蚜威可湿性粉剂2 000倍液或25%噻虫嗪水分散剂6 000倍液等喷雾。

玉米叶螨防治：在玉米叶螨点片发生时，每亩用24%螺螨酯悬浮剂10mL，或5%噻螨酮乳油1 500~2 000倍液等药剂进行喷雾，重点喷洒田块周边玉米植株中下部叶片背面。

8 收获

在玉米籽粒乳熟末期至蜡熟初期进行机械化收割。原料品质应符合GB/T 25882的要求。在生育期较短（120天以下）地区，必须在降霜前收割完毕，防止霜冻后叶片枯黄，影响青贮质量。

9 包装与贮运

9.1 包装

应符合NY/T 658的要求。

9.2 贮运

应符合NY/T 1056的要求。

绿色食品　绿肥大豆栽培技术规程

1　范围

本规程规定了绿色食品A级绿肥大豆产地环境、栽培技术、圆盘耙切割、秋翻冬灌的技术要求。

本规程适用于伊犁州直西部年≥10℃有效积温3 150～3 500℃，无霜期140～160天的区域。

2　规范性引用文件

下列文件对于本文件的应用是必不可少的。凡是注日期的引用文件，仅所注日期的版本适用于本文件。凡是不注日期的引用文件，其最新版本（包括所有的修改单）适用于本文件。

GB 4404.2　粮食作物种子　第2部分：豆类

NY/T 391　绿色食品　产地环境质量

NY/T 393—2013　绿色食品　农药使用准则

NY/T 394—2013　绿色食品　肥料使用准则

3　产地环境

3.1　环境条件

应符合NY/T 391的要求。

3.2　土壤条件

选择耕层深厚，结构良好，地面平整，排灌良好，有机质含量≥1.5%，碱解氮含量≥60mg/kg，速效磷含量≥6mg/kg的壤土或沙壤土为宜。

4　栽培技术

4.1　播前准备

4.1.1　浇水

小麦收获前一周浇麦黄水，做到一水两用。

4.1.2　施肥整地

结合犁地撒施基肥，每亩施腐熟农家肥1～1.5t、磷酸二铵12～15kg等相同量的肥料；深翻土地，深度为25～30cm。整地质量达到"平、松、碎、齐、净、墒"六字标准。

4.1.3　选用品种

应符合GB 4404.2的要求，选用抗病性、适应性强、产量高的品种。以绥农14号、新大豆10号、合丰55、合丰56号等中晚熟品种为主。

4.1.4　土壤处理

播后苗前，用50%乙草胺乳油500倍液等药剂喷雾，进行封闭处理。

4.2　播种

4.2.1　播种期

7月上中旬。

4.2.2　播种量

条播每亩播种量为8~10kg，穴播每亩播种量为6~8kg。

4.2.3　播种方法

采用等行距条播或穴播，行距30cm，株距3~5cm，播深2~4cm。

4.2.4　播种质量要求

播量准确，播深一致，下籽均匀，不重不漏，播行端直，覆土严密。

4.3　田间管理

4.3.1　中耕除草

在苗高10~12cm时，进行第一次中耕，中耕深度为14~16cm；在现蕾开花初期，进行第二次中耕，中耕、开沟、培土一次进行。

4.3.2　追肥

在绿肥大豆初花期机械追施一次肥，每亩追施尿素8~10kg等相同量的肥料。

4.3.3　灌溉

施肥后需灌水1~2次。在初花期灌一水，每亩灌水量为80~90m³；看土壤墒情灌二水，每亩灌水量为60~70m³。

4.3.4　病虫害防治

用50%腐霉利可湿性粉剂1 000倍液、50%多菌灵可湿性粉剂500倍液，或50%甲基硫菌灵可湿性粉剂500倍液等药剂喷雾，防治大豆菌核病。

在虫害发生初期，用20%乙螨唑悬浮剂10 000倍液，或34%螺螨酯悬浮剂5 000～6 000倍液等药剂喷雾防治螨类；用10%吡虫啉可湿性粉剂2 000倍液，或5%天然除虫菊素乳油等500倍液喷雾防治蚜虫等。

5　圆盘耙切割

盛花末期至结荚期，及时用大型拖拉机机载圆盘耙对绿肥大豆茎秆、叶片等进行切割，做到切匀、切碎。

6　秋翻冬灌

及时犁地，犁地深度为25～30cm，并及时进行灌水，每亩灌水量为80～100m³，呈待整地状态。

绿色食品 草木犀栽培技术规程

1 范围

本规程规定了绿色食品A级草木犀的术语和定义、栽培技术、病虫害防治、收获和贮运等内容。

本规程适用于伊犁河谷区域内绿色食品A级草木犀的生产。

2 引用标准

下列文件对于本文件的应用是必不可少的。凡是注日期的引用文件，仅所注日期的版本适用于本文件。凡是不注日期的引用文件，其最新版本（包括所有的修改单）适用于本文件。

NY/T 391 绿色食品 产地环境质量

NY/T 393—2013 绿色食品 农药使用准则

NY/T 394—2013 绿色食品 肥料使用准则

NY/T 1056 绿色食品 贮藏运输准则

3 术语与定义

3.1 草木犀

豆科，属直立型二年生草本植物。茎直立，羽状三出复叶，叶缘疏齿，总状花序，花冠蝶形，荚果卵形或近球形。耐寒、耐贫瘠、适应性广，既可作牧草，又可作绿肥。

3.2 绿色饲料

绿色饲料是遵循可持续发展原则，按照特定生产方式，经专门机构认定，许可使用绿色标志的无污染，安全、优质、营养类饲料。

4 栽培技术

4.1 产地环境条件

应符合NY/T 391的要求。

4.2 种子处理

4.2.1 晒种

播种前，选择晴天在阳光下晒种4~5h。

4.2.2 选种

用清水浸泡种子，滤掉漂浮在水面的杂物，剔除秕粒、破粒，用清水冲洗2~3次，选择种子饱满、大小色泽整齐一致的籽粒作为种子。

4.2.3 种皮处理

采用粗沙与种子混合轻碾或砂纸摩擦等方式磨去种皮或擦伤种皮。

4.2.4 浸种

播种前1天，用水浸种6~8h后捞起，用清水冲洗，置于阴凉处沥干水分。播种前用根瘤菌接种，促进苗期生长。

4.3　选地与整地

4.3.1　选地

选择干燥、终年不积水的松软沙质土或非黏土，中性或偏碱性，排水良好。

4.3.2　施基肥

肥料使用应符合NY/T 394的要求，结合整地施足基肥，每亩施入优质腐熟的农家肥1~1.5t、尿素4~5kg、过磷酸钙30~40kg等相同量的肥料。

4.3.3　犁、整地

进行深耕细耙，犁地深度20~25cm，将前茬作物根茬清理干净，整地质量达到"平、松、碎、齐、净、墒"六字标准。

4.4　播种

4.4.1　播期

伊犁河谷东部，春播时间在5月，秋播时间在9月中旬至9月底；伊犁河谷西部，春播时间在4月初至5月初，秋播时间在9月底至10月初。

4.4.2　播种方式

主要用撒播、条播。撒播简单易行，但不便于中耕、除草、追肥；条播种子分布均匀，出苗整齐便于管理，条播行距以20~25cm为宜。

4.4.3　播深

播种深度以1.5~2.5cm为宜，地湿稍浅，地干稍深。播后进行镇压，使土壤与种子密接，便于吸水发芽。

4.4.4 播量

要求种子的发芽率在80%以上，每亩播种量为1～1.5kg。

4.5 田间管理

4.5.1 中耕

在返青初期和每次刈割后，进行中耕，梳理土壤，促进养分分解和保墒，防除杂草。

4.5.2 防除杂草

防除的方法有人工除草、机械除草和化学除草。除草应该在分蘖旺盛和分枝之间进行。化学除草时，农药使用应符合NT/T 393的要求。每亩用15%炔草酯可湿性粉剂30～40g或6.9%精噁唑禾草灵乳油60～80mL，兑水30kg喷雾，防除禾本科杂草。

4.5.3 追肥

肥料使用应符合NT/T 394的要求。在返青前，每亩施入尿素4～5kg、过磷酸钙15～20kg等相同量的肥料；每次刈割后，每亩追施尿素2～3kg、过磷酸钙5～10kg等相同量的肥料。

4.5.4 浇水

春播如在幼苗期遇干旱，浇水时机应掌握在幼苗长出3片真叶后进行。浇水过早，幼苗易被泥水窒息致死。返青初期、现蕾期及每次刈割后视土壤墒情进行浇水，每亩灌水量为70～80m^3；入冬时进行冬灌蓄墒。

5　病虫害防治

5.1　施药原则

农药使用应符合NY/T 393的要求。

5.2　综合防治

坚持"预防为主，综合防治"植保方针，以农业防治为基础，协调运用生物防治、物理防治、化学防治等防治技术，以期实现病虫害绿色防控。

5.3　农业防治

选用抗病的品种。在早春返青前消除残枝，用火烧掉。在生长期发现病株，应立即拔除、割掉茎叶，防止疾病蔓延。增施磷钾肥，增强抗病能力。

5.4　物理防治

采用灯光诱杀、色板（带）诱条或性诱剂等物理诱捕，控制鳞翅目、同翅目害虫。

5.5　生物防治

积极保护利用天敌昆虫如七星瓢虫、草蛉等，控制蚜虫为害。

5.6　化学防治

5.6.1　防治病害

5.6.1.1　防治霜霉病

每亩用80%烯酰吗啉水分散粒剂19~25g、72%霜脲·锰锌可湿性粉剂133~167g、64%噁霜·锰锌可湿性粉剂170~200g、69%烯酰·锰锌可湿性粉剂100~133g，或68%精甲霜·锰锌水分散粒剂100~120g等药剂喷雾。

5.6.1.2　防治白粉病

每亩用50%醚菌酯水分散粒剂16~22g、40%腈菌唑可湿性粉剂10~12.5g，或430g/L戊唑醇悬浮剂12~18mL等药剂喷雾。

5.6.2　防治害虫

每亩用1.5%天然除虫菊素水乳剂1 000~1 500倍液、70%吡虫啉水分散粒剂1.5~2g，或40%啶虫脒水分散粒剂3.6~4.5g等药剂喷雾，防治蚜虫等。每亩用70%灭蝇胺可湿性粉剂15~21g等药剂喷雾，防治斑潜蝇类害虫。

6　收获

6.1　刈割期

调制干草时，最适刈割时期为现蕾期前后，不可迟于初花期，一般株高在50cm。生活当年的草木犀，应当在初霜期收获。

6.2　留茬高度

草木犀刈割时要注意再生新枝从基部茎节发出，留茬宜高，以10~15cm为宜。

6.3　收割方法

6.3.1　机械收割

利用现代化的机械，适时收割。注意留茬高度。

6.3.2　人工收割

随割随放，不堆大堆，便于晾晒。

6.4　晾晒打捆

收割后一般就地晾晒，自然干燥。晒干后应及时打捆装运出田块，有条件的采用打捆机打捆。

7　贮运

应符合NY/T 1056的要求。存草地点要采取防雨、防潮措施，并进行通风，防止霉变。

绿色食品 苜蓿栽培技术规程

1 范围

本标准规定了绿色食品A级苜蓿术语与定义、栽培技术、病虫害防治、收获等内容。

本标准适用于伊犁河谷区域内绿色食品A级苜蓿的生产。

2 引用标准

下列文件对于本文件的应用是必不可少的。凡是注日期的引用文件，仅所注日期的版本适用于本文件。凡是不注日期的引用文件，其最新版本（包括所有的修改单）适用于本文件。

NY/T 391　绿色食品　产地环境质量

NY/T 393—2013　绿色食品　农药使用准则

NY/T 394—2013　绿色食品　肥料使用准则

NY/T 1056　绿色食品　贮藏运输准则

3 术语与定义

绿色饲料

绿色饲料是遵循可持续发展原则，按照特定生产方式，经专门机构认定，许可使用绿色标志的无污染，安全、优质、营养类饲料。

4　栽培技术

4.1　产地环境条件

应符合NY/T 391的要求。

4.2　品种选择及种子处理

4.2.1　品种选择

选择金皇后、三得利、巨能、冰驰、骑士、新疆大叶等苜蓿品种。

4.2.2　种子处理

播种前将苜蓿种子，尤其是当年种子，轻碾或冷冻、暴晒处理，提高种子发芽率。同时进行苜蓿根瘤菌接种，促进苗期生长。

4.3　选地与整地

4.3.1　选地

选择地势高、土壤肥沃、排灌方便的地块。最适合中性或微碱性沙质土壤。低洼易涝地块排水沟渠必须畅通。

4.3.2　施基肥

肥料使用应符合NY/T 394的要求。每亩施入优质腐熟的农家肥2~3t、尿素4~5kg、过磷酸钙40~50kg等相同量的肥料。

4.3.3　犁、整地

苜蓿种子小，要进行深耕细耙，犁地深度为20~25cm，将前茬作物根茬清理干净，地面细碎平整。整地质量达到"齐、平、松、碎、净、墒"六字标准。

4.4 播种

4.4.1 播期

伊犁河谷东部，春播时间在5月，秋播时间在9月中旬至9月底；伊犁河谷西部，春播时间在4月初至5月初，秋播时间在9月底至10月初。

4.4.2 播种墒情

播种墒情要求0～20cm土层的土壤含水量为田间持水量的70%～80%。

4.4.3 播种方式

主要用撒播、条播。撒播简单易行，但不便于中耕、除草、追肥；条播种子分布均匀，出苗整齐便于管理，条播行距以20～25cm为宜。

4.4.4 播深

播种深度以1～2cm为宜，地湿稍浅，地干稍深；沙土地稍深，黏土地稍浅。播后进行镇压，使土壤与种子密接，便于吸水发芽。

4.4.5 播量

要求种子的发芽率在80%以上，撒播每亩播种量为1～1.25kg；条播每亩播种量为0.75～1kg。

4.5 田间管理

4.5.1 春耙地

土壤解冻后，在苜蓿返青前进行春耙地1～2次，耙除残茬，梳理表土、消除杂草，促进苜蓿基部分枝。

4.5.2　中耕

在苜蓿返青初期和每次刈割后，进行中耕，梳理土壤，促进养分分解和保墒，防除杂草。

4.5.3　防除杂草

防除的方法有人工除草、机械除草和化学除草。除草应该在分蘖旺盛和分枝之间进行。化学除草时，农药使用应符合NT/T 393的要求。每亩用15%炔草酯可湿性粉剂30～40g或6.9%精噁唑禾草灵乳油60～80mL，兑水30kg喷雾，防除禾本科杂草。

4.5.4　追肥

每年返青前，每亩施入尿素4～5kg、过磷酸钙15～20kg等相同量的肥料；每次刈割后，每亩追施尿素3～4kg、过磷酸钙5～10kg等相同量的肥料。

4.5.5　浇水

春播在幼苗期遇干旱时，浇水时机应掌握在幼苗长出3片真叶后进行。浇水过早，幼苗易被泥水窒息致死；返青初期、现蕾期及每次刈割后视土壤墒情进行浇水，每亩灌水量为60～70m³；入冬时进行冬灌蓄墒。

5　病虫害防治

5.1　施药原则

农药使用应符合NY/T 393的要求。

5.2 综合防治

坚持"预防为主，综合防治"植保方针，以农业防治为基础，协调运用生物防治、物理防治、化学防治等防治技术，以期实现病虫害绿色防控。

5.3 农业防治

选用抗病虫的品种。在早春返青前消除残枝，用火烧掉。生长期发现病株应立即拔除、割掉茎叶，防止疾病蔓延。增施磷钾肥，增强抗病能力。

5.4 物理防治

采用灯光诱杀、色板（带）诱条或性诱剂等物理诱捕，控制鳞翅目、同翅目害虫。

5.5 生物防治

积极保护利用天敌昆虫如七星瓢虫、草蛉等，控制蚜虫为害。

5.6 化学防治

5.6.1 防治病害

5.6.1.1 防治叶斑病

用80%代森锰锌可湿性粉剂400～700倍液，或70%甲基硫菌灵可湿性粉剂800～1 000倍液喷雾防治。

5.6.1.2 防治黄斑病

用80%代森锰锌可湿性粉剂600～800倍液，或43%戊唑醇悬浮剂3 000～4 000倍液喷雾防治。

5.6.1.3　防治锈病

用430g/L戊唑醇悬浮剂2 000倍液、25%三唑酮可湿性粉剂2 000倍液，或50%萎锈灵可湿性粉剂1 000倍液等药剂喷雾防治。

5.6.1.4　防治黑胫病

用25%多菌灵可湿性粉剂250～500倍液、70%代森锰锌可湿性粉剂500～700倍液、58%甲霜灵可湿性粉剂600～800倍液等药剂喷雾防治。

5.6.2　防治害虫

每亩用1.5%天然除虫菊素水乳剂1 000～1 500倍液、70%吡虫啉水分散粒剂1.5～2g、40%啶虫脒水分散粒剂3.6～4.5g等药剂喷雾，防治蚜虫等。每亩用70%灭蝇胺可湿性粉剂15～21g等药剂喷雾，防治斑潜蝇类害虫。

6　收获

6.1　刈割期

收割适期在现蕾盛期至开花初期，即从第一朵开始至10%开花期最好，此时叶茂，叶茎比率高，品质好。全年末次刈割期不晚于9月底，过晚将影响下年产量。

6.2　收割次数

春播苜蓿播种当年一般可收割1～2次，伊犁河谷东部可收割1次，西部可收割2次。从第二年开始，一般每年可收割2～3次，伊犁河谷东部可收割2次，西部可收割3次。

6.3 留茬高度

刈割留茬高度以5～6cm为宜，末茬高度以6～8cm为宜。生长季结束前30天停止刈割或放牧利用。

6.4 产草量

苜蓿的利用年限为5～8年，最高产量在2～4年，一般每亩可收鲜草2 000～3 500kg、干草450～900kg。苜蓿的全年产草量以第一茬最高，约占全年的40%，品质也最好。

6.5 收割方法

6.5.1 机械收割

利用现代化的机械，适时收割。注意留茬高度。

6.5.2 人工收割

随割随放，不堆大堆，便于晾晒。

6.6 晾晒打捆

机械或人工收割完毕后一般就地晾晒，自然干燥。晒干后及时打捆装运出田块，有条件的采用打捆机打捆。

7 贮运

应符合NY/T 1056的要求。存草地点要采取防雨、防潮措施，并进行通风，防止霉变。

绿色食品　红豆草栽培技术规程

1　范围

本标准规定了绿色食品A级红豆草术语与定义、栽培技术、病虫害防治、收获等内容。

本标准适用于伊犁河谷区域内绿色食品A级红豆草的生产。

2　引用标准

下列文件对于本文件的应用是必不可少的。凡是注日期的引用文件，仅所注日期的版本适用于本文件。凡是不注日期的引用文件，其最新版本（包括所有的修改单）适用于本文件。

GB 6141　豆科草种子质量分级

NY/T 391　绿色食品　产地环境质量

NY/T 393—2013　绿色食品　农药使用准则

NY/T 394—2013　绿色食品　肥料使用准则

NY/T 1056　绿色食品　贮藏运输准则

3　术语与定义

绿色饲料

绿色饲料是遵循可持续发展原则，按照特定生产方式，经

183 ·

专门机构认定，许可使用绿色标志的无污染，安全、优质、营养类饲料。

4 栽培技术

4.1 产地环境条件

应符合NY/T 391的要求。

4.2 品种选择及种子处理

4.2.1 品种选择

选择甘肃红豆草、奇台红豆草等红豆草品种。

4.2.2 种子质量

应符合GB 6141规定的三级以上种子质量标准的要求。

4.2.3 种子清选

选择籽粒饱满、大小均匀，无病虫害，纯净度高的种子。具体方法有人工清选、风选、筛选和水选等。

4.2.4 晒种、拌种或浸种

播前进行晒种，温水40℃水浸种1h后晒干，以打破种子休眠，提高种子发芽率。同时进行红豆草根瘤菌剂接种，以利于苗期生长。

4.3 选地与整地

4.3.1 选地

选择地势平坦和土壤条件适宜的地块，土层厚而肥沃，无盐渍化现象（总盐含量不超过0.3%）为宜。

4.3.2　施基肥

肥料使用应符合NY/T 394的要求。每亩施入优质腐熟的有机厩肥1.5～2t、磷酸二铵15～20kg等相同量的肥料。

4.3.3　犁、整地

进行深耕细耙，犁地深度为20～25cm，将前茬作物根茬清理干净，地面细碎平整，保证墒情。整地质量达到"平、松、碎、齐、净、墒"六字标准。春耕宜早不宜迟，秋耕应在土壤冻结前完成。

4.4　播种

4.4.1　播期

伊犁河谷东部，春播时间在5月，秋播时间在9月中旬至9月底；伊犁河谷西部，春播时间在4月初至五月初，秋播时间在9月底至10月初。

4.4.2　播种方式

主要是条播，多采用机器播种，适合于大面积种植，种子分布均匀，出苗整齐便于管理，条播行距以25～30cm为宜。

4.4.3　播深

播种深度以4～5cm为宜。播后进行镇压，使土壤与种子密接，便于吸水发芽。

4.4.4　播量

以条播为主，亩播量4～5kg。

4.5　田间管理

4.5.1　中耕

在红豆草返青初期和每次刈割后，进行中耕，梳理土壤，促进养分分解和保墒，防除杂草。

4.5.2　防除杂草

防除的方法有人工除草、机械除草和化学除草。除草应该在分蘖旺盛和分枝之间进行。化学除草时，农药使用应符合NT/T 393的要求。每亩用15%炔草酯可湿性粉剂30～40g或6.9%精噁唑禾草灵乳油60～80mL，兑水30kg喷雾，防除禾本科杂草。

4.5.3　追肥

每年返青前，每亩施入磷酸二铵10～15kg等相同量的肥料；每次刈割后，每亩施入磷酸二铵5～10kg等相同量的肥料。

4.5.4　浇水

春播在幼苗期遇干旱时要进行浇水保苗，浇水时机掌握在幼苗长出3片真叶后进行。浇水过早，幼苗易被泥水窒息致死。返青初期、现蕾期及每次刈割后视土壤墒情进行浇水，每亩灌水量为60～70m³。入冬时进行冬灌蓄墒。

5　病虫害防治

5.1　施药原则

农药使用应符合NY/T 393的要求。

5.2　综合防治

坚持"预防为主，综合防治"植保方针，以农业防治为基础，协调运用生物防治、物理防治、化学防治等防治技术，以期实现病虫害绿色防控。

5.3　农业防治

选用抗病虫的品种。在早春返青前消除残枝，用火烧掉。生长期发现病株应立即拔除、割掉茎叶，防止疾病蔓延。增施磷钾肥，增强抗病能力。

5.4　物理防治

采用灯光诱杀、色板（带）诱条或性诱剂等物理诱捕，控制鳞翅目、同翅目害虫。

5.5　生物防治

积极保护利用天敌昆虫如七星瓢虫、草蛉等，控制蚜虫为害。

5.6　化学防治

5.6.1　防治病害

5.6.1.1　防治白粉病和锈病

每亩用50%醚菌酯水分散粒剂16～22g、40%腈菌唑可湿性粉剂10～12.5g，或430g/L戊唑醇悬浮剂12～18mL等药剂喷雾防治。

5.6.1.2　防治灰霉病

用50%腐霉利可湿性粉剂800～1 000倍液，或70%甲基硫菌灵可湿性粉剂800～1 000倍液喷雾防治。

5.6.1.3 防治叶斑病

用80%代森锰锌可湿性粉剂400～700倍液，或70%甲基硫菌灵可湿性粉剂800～1 000倍液喷雾防治。

5.6.2 防治害虫

每亩用1.5%天然除虫菊素水乳剂1 000～1 500倍液、70%吡虫啉水分散粒剂1.5～2g、或40%啶虫脒水分散粒剂3.6～4.5g等药剂喷雾，防治蚜虫等。每亩用70%灭蝇胺可湿性粉剂15～21g等药剂喷雾，防治斑潜蝇类害虫。

6 收获

6.1 刈割期

收割适期在现蕾盛期至开花初期，即从第一朵开始至10%开花期最好，此时叶茂、叶茎比率高、品质好。全年末次刈割期不晚于9月底，过晚将影响下年产量。

6.2 收割次数

春播红豆草，播种当年一般可收割1～2次，伊犁河谷东部可收割1次，西部可收割2次。从第二年开始，一般每年可收割2～3次，伊犁河谷东部可收割2次，西部可收割3次。

6.3 留茬高度

留茬高度以5～6cm为宜，末茬高度以6～8cm为宜。生长季结束前30天停止刈割或放牧利用。

6.4　产草量

红豆草的利用年限为4~6年，最高产量在2~3年，一般每亩收鲜草2 000~3 500kg、干草450~900kg，全年产草量以第一茬最高，品质最好。

6.5　收割方法

6.5.1　机械收割

利用现代化的机械，适时收割。注意留茬高度。

6.5.2　人工收割

随割随放，不堆大堆，便于晾晒。

6.6　晾晒打捆

机械或人工收割完毕后一般就地晾晒，自然干燥。晒干后及时打捆装运出田块，有条件的采用打捆机打捆。

7　贮运

应符合NY/T 1056的要求，存草地点要采取防雨、防潮措施，并进行通风，防止霉变。

第四篇

药用作物类

绿色食品　红花栽培技术规程

1　范围

本技术规程规定了绿色食品A级红花栽培的技术指标、产地要求、栽培技术、收获、包装与贮运的要求。

本技术规程适用于伊犁州直绿色食品A级红花的生产。

2　规范性引用文件

下列文件对于本文件的应用是必不可少的。凡是注日期的引用文件，仅所注日期的版本适用于本文件。凡是不注日期的引用文件，其最新版本（包括所有的修改单）适用于本文件。

NY/T 391　绿色食品　产地环境质量

NY/T 393—2013　绿色食品　农药使用准则

NY/T 394—2013　绿色食品　肥料使用准则

NY/T 658　绿色食品　包装通用准则

NY/T 1056　绿色食品　贮藏运输准则

DB 65/T 2667—2006　红花种子

3　技术指标

亩保苗：每亩1.2万～1.8万株；

有效果球数：每亩12万～18万个；

干花产量：亩产20～40kg；

籽粒产量：亩产80～120kg。

4 产地要求

4.1 环境条件

应符合NY/T 391的要求。

4.2 土壤条件

选择耕层深厚，结构良好，地面平整，排灌良好，土壤质地以沙壤土或轻壤土为宜。

5 栽培技术

5.1 播前准备

5.1.1 整地

旱地和土壤墒情好的地块可以抢墒种植，灌溉条件好的以播前灌水保墒为主。犁地深度为25～30cm，保持土壤平整、疏松、墒足、干净。秋翻地用带镇压器旋耕机整地即可，耕深15～20cm，整地质量要达到"平、松、碎、齐、净、墒"六字标准。

5.1.2 施基肥

肥料使用应符合NY/T 394的要求。在翻耕前，每亩施优质腐熟有机肥约2t、尿素10kg、磷酸二铵20kg、硫酸钾肥5kg等相同量的肥料，均匀地撒于地面，结合翻地施入。

5.1.3 选用良种

种子质量应符合DB 65/T 2667—2006的要求。选择产量高

（干花与籽粒）、抗病性强、适应性广的优良油花兼用品种品种，如宾红3号、金红8号、伊红1号等。

5.1.4 种子处理

在播种前人工精选种子，去除病、虫、杂粒，选出均匀一致、籽粒饱满的种子，晒种1~2天。防治种传和土传真菌病害，每100kg种子可使用2.5%咯菌腈悬浮种衣剂或9%氟环·咯·苯甲悬浮种衣剂200~300mL进行拌种；防治地老虎和金针虫，每亩可用70%噻虫嗪种子处理可分散粉剂10~20mL或60%吡虫啉悬浮种衣剂30mL，兑水50mL配成溶液后与红花种子混合，轻轻翻拌2~3min，然后摊开置于通风阴凉处，晾干6~12h播种。

5.2 播种

5.2.1 播种期

当5cm地温高于5℃时播种，根据墒情适期早播可以提高产量。板结严重地块，注意播种前查看未来7天天气预报，避开雨天，防止板结，保障出苗。伊犁地区一般在3月中旬至4月上旬播种。

5.2.2 播种

对于灌水条件良好、肥沃平整的土地，选用气吸式播机播种，每亩播种量为500~600g，行距50cm，播深3~4cm；对于土地平整性差、戈壁较多的瘠薄土壤，要求每亩播种量为1~2.5kg，行距30~45cm，播深4~5cm。

5.2.3 播种质量

达到播深一致，下种均匀，播行端直，覆土严密，镇压严实。对于大块土地或种植大户，要求犁完一块播完一块，禁止大面积犁完地再播种。

5.2.4 封闭药使用

农药使用应符合NY/T 393的要求。播种后3天内，每亩土地使用50%的乙草胺乳油50～70g兑水40～60kg等药剂，在红花播种后杂草出土前均匀地喷洒在土壤表面。地膜覆盖要在压膜前施药。

5.3 田间管理

5.3.1 间苗定苗

当红花显行后，在3片至4片真叶期间苗，拔除病弱苗，留发育健壮的中等苗。在长出5片至6片真叶时定苗，株距10～15cm。

5.3.2 中耕除草

在第一次间苗时，同时进行首次中耕。第二次中耕、除草在5叶至6叶期定苗时进行。在红花伸长期至分枝期，进行第三次中耕，并结合追肥培土。

5.3.3 水肥管理

5.3.3.1 水质要求

灌溉水的质量应符合NY/T 391的要求。

5.3.3.2 灌水

红花全生育期需浇2～3次水，分别在分枝期、现蕾期、终花期，每亩灌水量为60～80m³。红花的浇水方式一般采用细流沟灌、滴灌或隔行沟灌，这样既节约用水，又不会因积水导致病害的发生。

5.3.4　追肥

在红花伸长期至分枝期，封行前追肥，每亩追施尿素5kg（总氮≥46.4%）等相同量的肥料。

5.4　病虫害防治

5.4.1　防治原则

按照"预防为主、综合防治"的植保方针。

5.4.2　植物检疫

实行严格的检疫制度，分别对本地生产的红花种子田、外地调进的红花种子实行产地检疫和调运检疫，确保红花种子无检疫性有害生物。

5.4.3　农业防治

实行严格的轮作制度，适合与禾本科玉米、小麦等作物实行轮作制，严禁重茬，消灭周围杂草，施用腐熟有机肥。

5.4.4　生物防治

采用灯光诱杀、色板（带）诱条或性诱剂等物理捕杀，控制鳞翅目、同翅目害虫。

5.4.5　化学防治

农药使用应符合NY/T 393的要求。

防治地老虎和金针虫：每亩土地用5%高效氯氟氰菊酯乳油200g，加水0.5kg，拌麦麸等3~4kg，制成毒饵，傍晚撒施于苗株附近进行诱杀。

防治潜叶蝇、蚜虫：用10%吡虫啉可湿性粉剂等药剂2 000~3 000倍液喷雾。

防治锈病：在发病初期，可用20%三唑酮乳油1 500倍液，或15%三唑酮可湿性粉剂800～1 000倍液等药剂喷雾。

防治根腐病：在发现后拔除病株，再用50%的多菌灵可湿性粉剂1 500倍液浇灌病株处，防止继续扩散。

任何化学防治必须在开花前进行，开花后禁止喷药。

6 收获

6.1 花丝采收与加工

开花时，7：00—14：00适宜采摘。用白色棉布或者白色编织袋布垫在花下进行晾晒，均匀摊放厚度为1～2cm，晾晒过程翻动二至三成，要求白布或编织袋没有破损和毛边。不能直接在地上晾晒。当晾至八至九成干时收回，在室内晾干，防治返潮或雨淋。一般每2天采收1次。

6.2 籽粒采收

植株叶片变黄色，种子变硬、含水量12%时即可采收，利用普通谷物收割机收获。

7 包装与贮运

7.1 包装

应符合NY/T 658的要求。

7.2 贮藏运输

应符合NY/T 1056的要求。

绿色食品　伊贝母栽培技术规程

1　范围

本技术规程规定了绿色食品A级伊贝母的术语与定义、产地要求、选地整地、田间管理、病虫害防治、收获、包装与贮运的要求。

本技术规程适用于伊犁州直绿色食品A级伊贝母的种植区域。

2　规范性引用文件

下列文件对于本文件的应用是必不可少的。凡是注日期的引用文件，仅所注日期的版本适用于本文件。凡是不注日期的引用文件，其最新版本（包括所有的修改单）适用于本文件。

NY/T 391　绿色食品　产地环境质量

NY/T 393—2013　绿色食品　农药使用准则

NY/T 394—2013　绿色食品　肥料使用准则

NY/T 658　绿色食品　包装通用准则

NY/T 1056　绿色食品　贮藏运输准则

3　术语和定义

下列术语和定义适用于本规程。

伊贝母

又名黄花轮叶贝母、伊犁贝母，地方名为伊贝母、伊贝、西贝母（新疆）。为百合科多年生草本植物，以鳞茎供药用。主要成分有西贝素及多种氨基酸，具清热润肺、止咳化痰之功效，用于治疗肺热咳嗽，痰稠胸闷等症。被纳入"中国濒危物种"。多年生草本，株高30～65cm。为须根系，须根15条左右，着生于鳞茎基盘上。鳞茎卵圆形，表面黄白色。上叶互生，底叶近对生或近轮生。叶片宽长椭圆形被灰白色蜡质层，先端渐尖不卷曲。花顶生，花被黄色内具淡棕色或紫色斑点。果长圆形，具两棱，棱上有宽翅。种子卵圆形，薄片状，褐色，解剖镜下观察有碎皱纹。千粒重7.6g。

4 技术指标

保苗株数：每亩110万～120万株；

鳞茎产量：亩产2 000～2 800kg（鲜贝母）。

5 产地要求

5.1 环境条件

应符合NY/T 391的规定。

5.2 选地

适宜机械作业的地块，选择耕层深厚，结构良好，地面平整，排灌良好，有机质含量≥1.5%，碱解氮含量≥60mg/kg，速效磷含量≥20mg/kg的壤土或沙壤土为宜。

6　栽培技术

6.1　播前准备

6.1.1　灌好底墒水

播前灌好底墒水，每亩灌水量为80～100m³，灌水要匀，不冲不漏，保证灌水质量。

6.1.2　施基肥

肥料使用应符合NY/T 394的要求。每亩施腐熟有机肥2.5～3t、磷酸二铵15～18kg、硫酸钾6～8kg、硫酸锌2～3kg等相同量的肥料。有机肥与化肥混施，均匀地撒于地面，结合翻地施入。

6.1.3　犁地、整地

基肥施入后及时犁地，深度为25～30cm。整地质量要达到"平、松、碎、齐、净、墒"六字标准。

6.1.4　品种选择

以黄花轮叶贝母等为主。

6.1.5　种子质量

选择当年采摘种子，发芽率保证在90%以上，饱满、无病虫害。

6.2　播种

6.2.1　播种期

10cm地温稳定在18～25℃时开始播种，适宜播期一般在9月中下旬至10月上旬。

6.2.2 播种量

每亩播量8～10kg。

6.2.3 播种方法

采用畦栽，畦宽1.5m（含畦埂），长度视地形地势而定，整平，人工撒种，取土或提前预备土覆土1～1.5cm，播后轻镇压，严禁踩踏或重物拍打。

6.2.4 种植密度

每亩100～120株。

6.3 田间管理

6.3.1 除草

第一年生的伊贝母全生育期人工除草4～5次，以后每年人工除草6～8次，拔早、拔小。

6.3.2 追肥

次年融雪后合墒追肥，每亩施磷肥10～15kg；生育期适量叶面追肥，每亩追施99%磷酸二氢钾3～5kg等相同量的肥料。

6.3.3 春耙

翌年春季追肥后，视墒尽早用齿耙耙地，耙齿长4～5cm，耙深2～3cm，清洁田间杂草、病残体等。

6.3.4 灌水

全生育期基本不灌水，以降水量保证生育期需水量或人工喷雾补水。

6.3.5 病虫害防治

农药使用应符合NY/T 393的要求。

锈病防治：用430g/L戊唑醇悬浮剂2 000倍液、25%三唑酮可湿性粉剂2 000倍液，或50%萎锈灵可湿性粉剂1 000倍液等药剂喷雾防治。

地下害虫防治：用50%辛硫磷乳油或70%吡虫啉水分散粒剂拌麸皮等制作毒饵，进行诱杀。

6.3.6 休眠期管理

每年6月下旬至7月上旬进入休眠期，次年3月下旬至4月上旬进入萌芽期。夏秋季休眠期间要强化杂草管理，重点是防止杂草结种落籽。不宜将杂草拔尽，杂草生长能调节土壤温度和有遮阴效果，有遮阴作物的要早拔杂草。

7 收获

种子种植后第三年，可采收鳞茎。在休眠期6月中下旬，鳞茎直径达1cm左右，植株率达到30%以上，即可进行采收，用齿耙轻挖。对大鳞茎（直径1.5cm以上）、中鳞茎（直径0.5~1.5cm）分别进行分级保存；对直径小于0.5cm的鳞茎，及时掩埋或进行移栽种植。

8 包装与贮运

8.1 包装

应符合NY/T 658的要求。收获鲜鳞茎应及时烘干并置于阴凉通风屋内。

8.2 贮运

应符合NY/T 1056的要求。

绿色食品 白芍栽培技术规程

1 范围

本规程规定了绿色食品A级白芍栽培的术语和定义、产地环境、栽培管理、收获、包装与贮运运输的要求。

本规程适用于伊犁州直冷凉区域中年均日照时数2 500～2 900h、海拔2 000m以下的区域。

2 规范性引用文件

下列文件对于本文件的应用是必不可少的。凡是注日期的引用文件，仅所注日期的版本适用于本文件。凡是不注日期的引用文件，其最新版本（包括所有的修改单）适用于本文件。

NY/T 391 绿色食品 产地环境质量

NY/T 393—2013 绿色食品 农药使用准则

NY/T 394—2013 绿色食品 肥料使用准则

NY/T 658 绿色食品 包装通用准则

NY/T 1056 绿色食品 贮藏运输准则

3 术语和定义

下列术语和定义适用于本规程。

3.1　白芍

毛茛科芍药属植物，多年生草本，高50～80cm。根肥大，常呈圆柱形，外皮棕褐色。生长期为每年的4—10月，一般3～4年成熟，主要以根为绿色食品原料的中药材。

3.2　芍头

3～4年生的、带芽头的根茎。

4　产地环境

应符合NY/T 391的要求。选择土层深厚、疏松、排水良好的黑钙土和栗钙土等。

5　栽培管理

5.1　播前准备

5.1.1　施基肥

肥料使用应符合NY/T 394的要求。每亩施用腐熟的农家肥2～2.5t或商品有机肥150～200kg，尿素10～15kg、磷酸二铵7～10kg、硫酸钾10～15kg，或氮磷钾三元素复混肥30～35kg等相同量的肥料。

5.1.2　犁地、整地

在9月上旬，对基肥施入的地块及时犁地，耕深30cm以上，并及时耙地。整地质量达到"平、松、碎、齐、净、墒"六字标准。

5.1.3 芍头选择

应选无病虫、无霉烂、无空心、粗壮、红色的芍头作为繁殖材料。每块芍头应留粗壮芽头2~3个，芍头下留根3~4cm。

5.2 栽种

5.2.1 栽种时间

9月中下旬至10上旬。

5.2.2 栽种方法

采用机械按行距75~80cm拉沟，沟深14~16cm，按株距30~35cm放入芍头1个，芽头向上。栽后压实，培土成垄，垄高10~15cm。

5.2.3 栽种量

每亩栽种2 000~2 500个芍头。

5.3 田间管理

5.3.1 中耕除草

每年一般中耕2~3次。在5月中旬，先用人工拔除株间的杂草，然后机械中耕培土，中耕深度为7~8cm。在6月底进行第二次中耕除草，中耕深度为7~8cm。在7月底进行第三次中耕，中耕深度为7~8cm。

5.3.2 追肥

肥料使用应符合NY/T 394的要求。每年结合第二次培土，每亩施尿素10~15kg、磷酸二铵7~10kg、硫酸钾10~15kg，或氮磷钾三元素复混肥30~35kg等相同量的肥料。

5.3.3　浇水管理

白芍是属于抗旱植物，一般不需要浇水，如遇严重干旱的季节要适量浇水。在多雨季节要及时排除田间积水。

5.3.4　割去茎叶

每年在10月初将白芍茎叶用机械割去，粉碎还田。

5.3.5　病虫害防治

5.3.5.1　农业防治

选用健壮芍芽，培育健壮植株；实行轮作换茬；加强田间管理，注意开沟排水，降低田间湿度；保持田园清洁，及时清除杂草，病残体、前茬宿根和枝叶等。

5.3.5.2　物理防治

采用黄板诱蚜等，防控虫害。

5.3.5.3　化学防治

农药使用应符合NY/T 393的要求。每亩用50%醚菌酯水分散粒剂16～22g、40%腈菌唑可湿性粉剂10～12.5g，或430g/L戊唑醇悬浮剂12～18mL等药剂喷雾防治白粉病。用50%多菌灵可湿性粉剂1 500倍液，或40%多硫悬浮剂800倍液等药剂喷雾防治褐斑病。

6　收获

6.1　采收时间

白芍于栽种后3～4年采收。9月底开始采收。

6.2　采收质量

选择晴天进行采收，机械割去茎叶，挖出全根。除留芽头作种外，切下芍根，除去泥土及须根。主根按大小分级清洗，在通风的阴凉处摊晾，晾至干透即可。

7 包装与贮藏运输

7.1 包装

应符合NY/T 658的要求。

7.2 贮藏运输

应符合NY/T 1056的要求。

绿色食品　黄芪栽培技术规程

1　范围

本规程规定了绿色食品A级黄芪栽培的术语与定义、产地环境条件、栽培管理、收获、包装及贮藏运输的要求。

本规程适用于伊犁州直冷凉区域中年均日照时数2 500～2 900h、海拔2 000m以下的区域。

2　规范性引用文件

下列文件对于本文件的应用是必不可少的。凡是注日期的引用文件，仅所注日期的版本

NY/T 391　绿色食品　产地环境质量

NY/T 393—2013　绿色食品　农药使用准则

NY/T 394—2013　绿色食品　肥料使用准则

NY/T 658　绿色食品　包装通用准则

NY/T 1056　绿色食品　贮藏运输准则

3　术语和定义

下列术语和定义适用于本规程。

黄芪

黄芪为多年生草本药用植物，株高50cm以上。主根深

长，圆柱形，黄褐色，略木质化。叶互生，奇数羽状复叶，小叶25～37枚，短小而宽，托叶三角状卵形。总状花序腋生，有花5～15朵，花期5—7月。荚果薄膜质、光滑无毛，有显著网纹，荚果内含有种子5～10粒。种子肾形，棕褐色，果期7—9月。

4 产地环境条件

应符合NY/T 391的要求。选择土层深厚、疏松、排灌良好的黑钙土和栗钙土等。

5 栽培管理

5.1 播前准备

5.1.1 选择茬口

不宜与马铃薯、油菜、甜菜、向日葵连作，避免与豆科作物轮作，忌连茬重作。

5.1.2 施基肥

肥料使用应符合NY/T 394的要求。结合整地每亩施腐熟农家肥2.5～3t或商品有机肥200～250kg，磷酸二铵10～13kg、尿素13～15kg、硫酸钾13～15kg，或氮磷钾三元素复混肥40～50kg等相同量的肥料。

5.1.3 整地

整地以秋翻为好，耕深25～30cm，整地质量达到"平、松、碎、齐、净、墒"六字标准。

5.1.4　种子处理

将种子放入温度25～30℃的水里，浸泡24h，捞出洗净摊在湿纱布上，上面盖一层湿布催芽，待开裂出芽后及时播种。

5.2　播种

采用直播或移栽两种方式。

5.2.1　直播

5.2.1.1　播种时间

春播：在4月中旬土地解冻后进行春播。

冬播：在10月下旬土地封冻前进行播种。

5.2.1.2　播种方法

按行距30cm、株距12cm进行机械播种。

5.2.1.3　播种量

每亩播种量3～3.5kg。

5.2.2　移栽

5.2.2.1　育苗时间

4月中旬至5月上旬。

5.2.2.2　育苗播种量

每亩播种量7～8kg。

5.2.2.3　育苗方法

按行15cm、株距4cm点播，覆土厚度2cm，适量喷洒水，30天左右苗可出齐，要定期进行除草，注意防治病虫害。

5.2.2.4　移栽时间

在9月上旬或次年4月中旬进行移栽。

5.2.2.5 移栽方法

按行距30cm，株距12cm机械开沟，摆放芪苗，使苗头上部直立向上，距地面3~4cm，整平表面，稍加镇压。

5.3 田间管理

5.3.1 补苗

当苗高3~4cm时，进行移苗补缺，按株距11~13cm定苗。

5.3.2 追施肥料

肥料使用应符合NY/T 394的要求。以叶面肥、液体生物有机肥为主。

5.3.3 灌水

保持地面稍干，进行适当蹲苗，以利根系伸长。当天气特别干旱时，可适当浇水。

5.3.4 病虫害防治

5.3.4.1 农业防治

选用抗病虫害的优良品种，培育健壮植株；实行轮作换茬；加强田间管理，注意开沟排水，降低田间湿度；保持田园清洁，及时清除杂草，病残体、前茬宿根和枝叶。

5.3.4.2 物理防治

采用黄板诱蚜等，防控虫害。

5.3.4.3 化学防治

农药使用应符合NY/T 393的要求。每亩用50%醚菌酯水分散粒剂16~22g、40%腈菌唑可湿性粉剂1~12.5g，或30g/L戊唑醇悬浮剂12~18mL等药剂喷雾，防治白粉病。每亩用1.5%

天然除虫菊素水乳剂1 000～1 500倍液、7.5%鱼藤酮1 500倍液、70%吡虫啉水分散粒剂1.5～2g，或40%啶虫脒水分散粒剂3.6～4.5g等药剂喷雾，防治蚜虫。

6　收获

6.1　采收时间

黄芪冬季播种或春季移栽的当年即可收获，在10月上旬采收。

6.2　采收质量

机械割掉茎叶及采收，除去泥土，剪掉芦头，晒至七至八成干时，剪去侧根及须根，分等级捆成小把，此后晾晒至全干即可。

7　包装与贮藏运输

7.1　包装

应符合NY/T 658的要求。

7.2　贮藏运输

应符合NY/T 1056的要求。

绿色食品　党参栽培技术规程

1　范围

本规程规定了绿色食品A级党参栽培的术语和定义、产地环境条件、栽培管理技术、收获、包装与贮运的技术要求。

本规程适用于伊犁州直海拔≥1 800m的党参栽培区域。

2　规范性引用文件

下列文件对于本文件的应用是必不可少的。凡是注日期的引用文件，仅所注日期的版本适用于本文件。凡是不注日期的引用文件，其最新版本（包括所有的修改单）适用于本文件。

NY/T 391　绿色食品　产地环境质量

NY/T 393—2013　绿色食品　农药使用准则

NY/T 394—2013　绿色食品　肥料使用准则

NY/T 658　绿色食品　包装通用准则

NY/T 1056　绿色食品　贮藏运输准则

3　术语和定义

下列术语和定义适用于本规程。

党参

党参为桔梗科党参属植物，多年生草本植物，有乳汁。茎基具多数瘤状茎痕，根常肥大呈纺锤状或纺锤状圆柱形，叶在主茎及侧枝上互生，花单生于枝端，7—9月开花结果。

4 产地环境条件

产地环境应符合NY/T 391的要求。

选择地势较高、土壤肥沃的沙质土地。以含有丰富的腐殖质，离水源较近，且土壤酸碱度中性或偏酸性为宜。

5 栽培管理技术

5.1 播前准备

5.1.1 施基肥

肥料使用应符合NY/T 394的要求。每亩施充分腐熟的优质农家肥2~2.5t或商品有机肥100~200kg，尿素10~15kg、磷酸二铵7~10kg、硫酸钾10~15kg，或三元素复混肥30~40kg等相同量的肥料。有机肥与无机肥配合使用，随翻地施入。

5.1.2 整地

人工栽培应选择在4月中旬将地块进行翻耕，深翻土地30~35cm，打碎土块，清除草根、石块，耙平。

5.2 育苗

5.2.1 种子要求

选生长健壮、根体粗大、无病虫害的党参田作采种田，于两年生以上党参采集种子。

5.2.2　播种时间

播种在每年4月下旬进行。秋播时一般不进行种子处理，待日均气温达到15℃以上时即可播种。

5.2.3　播种量

每亩撒播4～5kg。

5.2.4　播种方法

用细砂与种子拌匀并均匀撒在地表，耙糖1次，轻轻镇压使种子和土壤充分接触。播种后根据土壤墒情及时浇水，保持地面湿润，以利出苗。平均播深0.3～0.6cm。

5.2.5　育苗管理

5.2.5.1　覆盖

育苗田春播后，为了保墒，畦面应盖草。盖草不宜太厚，以达到保湿为度，待出苗时把盖草撤除。

5.2.5.2　遮阴

无论春播还是夏、秋播，都要根据党参幼苗期喜湿润、怕旱涝、喜阴、怕强光直射的习性进行遮阴。常用的遮阴方法是用遮阳网遮阴，其方法是在春播后搭遮阳网棚，待党参长有2～3片真叶时，把遮阳网棚掀去。

5.2.5.3　除草、定苗

育苗地要做到勤除杂草，防止草荒；撒播地见草就拔；条播地松土除草同时进行。在苗高9～12cm时，按株距10cm适当定苗，如有缺苗应及时补苗。待幼苗长10～15cm时，即可移栽。

5.3　移栽

5.3.1　移栽方法

在4月至5月初，等温度在15℃以上时，开始移栽。通常开沟种植，沟距30cm、深10cm，株距10cm。开沟后用耙整平沟面，将种苗斜放于沟面一侧，苗头低于地面10cm。

5.3.2　移栽密度

移栽密度以每亩2.4万～2.6万株为宜。

5.4　田间管理

5.4.1　补苗移栽

在地块边角集中栽植少量苗。在出苗期检查，若发现缺苗断垄的情况，可及时进行补苗。

5.4.2　中耕除草

在苗高6～9cm时，进行第一次锄草；在苗高15～18cm时，进行第二次锄草。

5.4.3　追肥

应符合NY/T 394的要求。每年每亩追施尿素10～15kg、磷酸二铵7～10kg、硫酸钾10～15kg，或三元素复混肥30～40kg等相同量的肥料。

5.4.4　排灌

每年7月中旬，在干旱的情况下适时浇1～2次水。

5.4.5　打尖

在7月中旬，待党参植株长到28～32cm时，地上部留7～

10cm打尖。打尖1~2次。

5.5 病虫害防治

5.5.1 防治原则

坚持"预防为主，综合防治"植保方针，坚持"农业防治、物理防治、生物防治为主，化学防治为辅"的无害化防治原则，农药使用应符合NY/T 393的要求。

5.5.2 农业防治

选用健壮党参，培育健壮植株；实行轮作换茬；加强田间管理，注意开沟排水，降低田间湿度；保持田园清洁，及时清除杂草，病残体、前茬宿根和枝叶。

5.5.3 化学防治

5.5.3.1 虫害防治

在栽党参时，每亩用50%辛硫磷乳剂0.25kg，兑水2~3kg，喷洒在50kg细沙（土）中，进行土壤处理，防治地下害虫。用毒饵诱杀和人工捕打结合的方法，防止鼢鼠为害。

5.5.3.2 白粉病防治

多以每亩50%醚菌酯水分散粒剂16~22g、40%腈菌唑可湿性粉剂10~12.5g、430g/L戊唑醇悬浮剂12~18mL等药剂喷雾为主。

6 收获

6.1 采收时期

党参种子：于当年8—9月蒴果由绿变为黄白色，里面种子变成黄褐色时采收。

党参根：于第二年10月初采收。

6.2 采收加工

6.2.1 种子收获

采用人工采收。

6.2.2 根采收

采用机械或人工挖取党参的根部，去泥土，置干净、通风的阴凉处摊晾，抖去剩余泥土，晾至干透即可。

7 包装及贮运

7.1 包装

应符合NY/T 658的要求。

7.2 贮运

应符合NY/T 1056的要求。

绿色食品 新疆紫草栽培技术规程

1 范围

本规程规定了绿色食品A级新疆紫草的术语和定义、技术指标、产地环境条件、栽培管理、收获、包装与贮藏运输等技术要求。

本规程适用于伊犁州直海拔1 800～2 500m的新疆紫草种植区域。

2 规范性引用文件

下列文件中的条款通过本规程的引用而成为本规程的条款。凡是注日期的引用文件，仅所注日期的版本适用于本文件。凡是不注日期的引用文件，其最新版本（包括所有的修改单）适用于本规程。

NY/T 391　绿色食品　产地环境质量

NY/T 394—2013　绿色食品　肥料使用准则

NY/T 393—2013　绿色食品　农药使用准则

NY/T 658　绿色食品　包装通用准则

NY/T 1056　绿色食品　贮藏运输准则

DB 65/T 2199—2005　新疆紫草种子生产技术规程

3　术语和定义

新疆紫草

为紫草科植物新疆紫草的干燥根系。

4　技术指标

4.1　亩保苗

亩保苗0.8万～1.0万株。

4.2　干根产量

亩产100～120kg。

5　产地环境条件

产地环境应符合NY/T 391的规定。选择排水良好、有机质丰富、土层深厚、肥沃疏松的沙壤土为宜。

6　栽培管理

6.1　播前准备

6.1.1　施肥

肥料使用应符合NY/T 394的要求。肥料要以优质的农家肥为主。每亩施农家肥2～2.5t或商品有机肥150～200kg，尿素3～5kg、磷酸二铵10～15kg、硫酸钾3～4kg等相同量的肥料。结合翻地施入，翻地前均匀地撒于地面。

6.1.2　犁地、整地

选择在4—5月将地块进行翻耕，深翻土地30cm以上，并及时耙地。整地质量达到"平、松、碎、齐、净、墒"六字标准。

6.2 育苗

6.2.1 种子规程

应符合DB65/T 2199—2005的规定。育苗种子选择当年采收的新种子，清除杂质和秕籽。

6.2.2 播种时间

春播不宜过早，每年4—5月，待日均气温达到15℃以上方可播种。

6.2.3 播种量

穴播每亩播种量为2~3kg。土质、墒情较差的地块可适当增加播量。

6.2.4 播种方法

采用人工播种，穴播。育苗穴下方用普通疏松土壤，平均播深1~2cm，上方用拌有砾石的沙质土覆盖，行距10~15cm，穴距8~10cm，每穴播种子2~3粒。

6.2.5 苗田管理

出苗后，待幼苗长到2片真叶时开始除草。在出苗后必须将遮阳网搭架使离地面28~32cm，6月视土壤墒情随时揭去遮阳网。对过稠密的幼苗适当间苗，保持苗床湿润。遇到大雨天气，应及时注意排水。

6.2.6 壮苗标志

待种苗长到5~6片真叶、苗长5~10cm时达到壮苗标志，育苗完成。

6.3　移栽

6.3.1　种苗删选

移栽时，优先选用叶片完整、根系粗壮、发达、植株健壮的种苗。

6.3.2　移栽方法

在8—9月进行移栽。沿地埂放线，在地面打高畦，畦距20～30cm、高20～25cm、宽30～50cm，将种苗从育苗穴中带土取出栽在畦上，将湿润土壤均匀覆盖于摆放的种苗上，覆土厚4～6cm。

6.3.3　移栽密度

采用株距10～15cm、行距20～30cm定植，每亩移栽0.8万～1.0万株。

6.4　田间管理

6.4.1　补苗移栽

待移栽定植半月后，及时观察种苗成活情况，检查发现缺苗断垄的情况应及时进行补苗。

6.4.2　除草

移栽定植后至封垄前必须要勤除草。在苗高2～3cm时，进行第一次锄草；在苗高5～10cm时，进行第二次锄草。期间保持田间无杂草。第二年、第三年种植期间勤除草，保持田间干净。

6.4.3　水肥管理

6.4.3.1　灌水

新疆紫草喜湿怕涝，应视土壤墒情情况及时浇水，以保持土壤湿润、地面无积水为度。

6.4.3.2 追肥

新疆紫草伸长期至开花期需追肥，每亩追施氮磷钾三元素复混肥20～30kg等相同量的肥料。

6.5 病虫害防治

6.5.1 防治原则

坚持"预防为主，综合防治"的植保方针，优先采用农业防治、物理防治，辅以必要的化学防治。

6.5.2 农业防治

选用健壮种苗，培育健壮植株；实行轮作换茬；加强肥水管理；保持田园清洁，及时清除杂草，病残体、前茬宿根和枝叶等。

6.5.3 物理防治

采用人工捕杀虫卵或者放置粘虫板捕杀地下害虫。采用捕鼠夹、捕鼠笼捕杀老鼠。

6.5.4 化学防治

农业使用应符合NY/T 393的要求。用50%多菌灵800倍液，或百菌清800～1 000倍液喷雾，防治白粉病。用哈茨木霉菌300倍液，或多粘芽孢杆菌300倍液根灌，防治根腐病。

7 收获

7.1 种子采收

种子采收于至少3年生植株，在8—9月种子成熟时，及时剪下果穗，摊晾至干，脱粒，除去杂质备用。

7.2　根部采收

新疆紫草生长3～4年后可以采收根部，采收时间一般为9—10月。选择晴天高温天气采收，用机械或人工挖取新疆紫草的根部，去泥土，置干净、通风的阴凉处摊晾，抖去剩余泥土，晾至干透即可。

8　包装与储藏运输

8.1　包装

应符合NY/T 658的要求。

8.2　储藏运输

应符合NY/T 1056的要求。

第五篇

林果作物类

第一部分

绿色食品　鲜食葡萄栽培技术规程

绿色食品　红地球葡萄栽培技术规程

1　范围

本规程规定了绿色食品A级红地球葡萄的技术经济指标、建园、树体及果穗管理、整形与修剪、土肥、水管理、病虫害防治、收获、包装与贮运、埋土与出土的技术要求。

本规程适用于伊犁州直霍城县、伊宁县、伊宁市、察布查尔县、巩留县等适宜红地球葡萄栽植区。

2　规范性引用文件

下列文件对于本文件的应用是必不可少的。凡是注日期的引用文件，仅所注日期的版本适用于本文件。凡是不注日期的引用文件，其最新版本（包括所有的修改单）适用于本文件。

NY/T 469　葡萄苗木

NY/T 391　绿色食品　产地环境质量

NY/T 393—2013　绿色食品　农药使用准则

NY/T 394—2013　绿色食品　肥料使用准则

NY/T 844 绿色食品 温带水果

NY/T 658 绿色食品 包装通用准则

NY/T 1056 绿色食品 贮藏运输准则

3 技术经济指标

产量：亩产1 500～2 000kg；

基本株：每亩330～380株；

单穗重：单穗重500～1 200g；

单粒重：单粒重≥10g；

商品果率：特级品率≤10%，一级品率≥75%，二级品率≤15%；

可溶性固形物：≥17%。

定植后第二个生长周期见果，第四个生长周期进入盛果期，优质稳产持续15年。

4 建园

4.1 园地选择

园地环境应符合NY/T 391的要求。选择在土壤通气良好、疏松、具备排水条件、地力中等的地块栽种，以沙质壤土、壤土为最佳。土层厚度≥100cm，pH值≤8；总盐含量≤0.3%；园地的地下水位应≤2m。园址要选择交通便利、有供电设施的地块。

4.2 架式

以连接式小棚架为主。

4.3　园地规划

行向：平地采用东西走向，坡地建园行向则应同等高线平行。行距3.5～4m，株距0.5m。支架以水泥柱为宜，边柱长2.7m（下埋0.7m）、粗度12cm×12cm；其余柱长2.5m（下埋0.5m）、粗度10cm×10cm；水泥柱距4～5m。支架纵横均需排齐，高度一致。棚架面纵向边线主筋最好用细钢丝绳，其余支柱纵向主筋用直径2.0～2.3mm的钢丝。立架面需3道直径2.0～2.3mm的钢丝，高度分别距地面0.6m、1.2m、1.8m。棚架面每隔0.7m需1道直径2.0～2.3mm的钢丝，约4道钢丝。第一道钢丝距立柱0.3m，最后一道钢丝距后排立柱1.5m。

4.4　作业区及防护林规划

建园面积较大时，宜划分若干个小区，下设作业小区。每作业小区面积为25～30亩。小区与小区间用道路隔开并相连，园内道路相互贯通。园外四周应有防护林，主林带4～8行。300亩以上园应设副林带，副林带2～4行。

4.5　开沟施肥

秋季按行距挖深、宽各60cm的深沟，表土与心土分开堆放。沟底先施入20cm厚的秸秆，然后每亩施用3～3.5t腐熟的优质有机肥。肥与表土混匀施入沟底，用表土（不能用沟底心土）将定植沟填平，浇一次透水即可。

4.6　栽植

4.6.1　苗木质量要求

应符合NY/T 469的要求。

4.6.2 秋栽

在10月下旬至11月上旬，将育成的苗木按规划株距顺风向倾斜30°定植。对嫁接苗，需将嫁接部位埋入土内2～3cm，定植后及时浇水，然后埋土防寒越冬。对秋栽苗，在春季除去防寒土后浇1次透水，以后的管理方法与春栽成品苗相同。

4.6.3 春栽

4.6.3.1 成品苗春栽

在3月下旬至4月上旬，先对备好的成品苗根系进行修整，然后用水浸泡24h后使之充分吸水，或按照生根剂说明使用，对根系用50%多菌灵800倍液消毒处理后定植。定植后浇透水，然后覆黑膜，将嫁接部位以上2～3芽露出膜外，上覆细湿土将苗芽盖住。

4.6.3.2 营养袋苗春栽

定植前，在预备好的定植沟内浇透水后，覆膜待用。定植时（最佳时期为晚霜后），在5月底前用打孔器按规划株距打出定植孔，将营养袋苗外的塑料薄膜去掉，移到定植穴内，并将营养袋苗周围的空隙用虚土填实灌水，植株周围培土高于地膜。当苗伸长至10cm左右时，可撤掉地膜。

5 树体及果穗管理

5.1 整形、修剪

5.1.1 整形

红地球葡萄适用于独龙干或双龙干整形，一个或两个主蔓延伸至棚架顶端。

5.1.1.1　幼树整形

（1）当幼树长至30～40cm时，抹去多余的枝芽，只留一个主枝，并插桩绑缚。

（2）当幼树长至1～1.2m时，进行重摘心，并将最上端副梢抹除，使冬芽憋出新梢生长。其他副梢留2片叶，反复摘心。幼树摘心最晚不得迟于8月上旬。重摘心的次数，应按幼树生长势而定，若第一次摘心在6月下旬，主蔓延长生长到1.5m以上时，可进行第二次重摘心，并在主蔓距地面70cm左右处留好第一根结果母枝。

（3）冬剪时从成熟部位最上端剪截，副梢全部疏除。第二年春季萌芽后疏除30cm以下新梢。结果枝营养枝第二年按1∶1、第三年以后按2.3∶1的比例留枝，营养枝按20～25cm左右排开，冬剪时疏除结果枝，营养枝留2～3个饱满芽短截留作第二年结果母枝，以后作为永久性的结果枝组。延长枝不能留果，在8月上旬时重摘心，长度以不超过1.2～1.5m为宜。第三年再在此枝上培养结果母枝。在主蔓长至距后排架1.5m时，应控制其生长，以保证架面通风透光。

5.1.1.2　成龄树整形

成龄树整形主要是枝蔓的更新技术。一根枝蔓的经济寿命为6～8年，超过此限或遇到机械、灾害损伤时就要进行更新。在更新的前一年，从基部萌蘖中选粗壮、方向好的新梢按幼树整形法培养成蔓，同时逐步缩剪需更新老蔓。1～2年内剪除老蔓，完成更新工作。

5.1.2　修剪

5.1.2.1　冬季修剪

在埋土前进行修剪，修剪技术要点：剪除基部多余枝蔓，剪除距地面70cm以下的全部枝条，按20～25cm距离留结果母枝，最好选留当年的营养枝，剪截长度为3～4个饱满芽。将延长头成熟部分的顶端剪截，其余枝条全部疏除。

5.1.2.2　夏季修剪

（1）春季抹芽：萌芽见到果穗时，按照2～3个果芽留一个叶芽比例，抹除多余叶芽、双芽、弱芽、畸形芽。

（2）摘心：在果穗之上10片叶，营养枝7～9片叶摘心，副梢长出后留2片叶反复摘心。

（3）疏穗：在能看出果穗质量时，疏除双穗、副穗、歧肩及发育不良的果穗，每株平均保留7穗即可。

（4）掐穗尖：在果穗花后，掐掉1/4～1/5穗尖；花后果实长至绿豆大小时间隔疏除多余小穗。每穗留果60～80粒。

5.2　套袋

在6月下旬至7月上旬，将阳面葡萄用"葡萄专用袋"套住使其不被日灼。在8月上、中旬可用"葡萄专用袋"将葡萄果穗套住，以防日灼和病害，并控制果粒着色过早过重。于套袋前在果穗上喷洒杀菌剂以清除果粒上的病原菌，喷后晾干立即套袋。果实采收前10～15天摘除套袋。

6　土肥、水管理

6.1　施肥

肥料使用应符合NY/T 394的要求。

6.1.1　基肥

在每年9月下旬至10月上旬施一次有机肥，每株施用10～

20kg，每亩施4～4.5t，一般为秋施。挖一深、宽各0.4～0.5m的条形沟，将基肥施入，每亩施氮肥10～15kg、重过磷酸钙30～40kg等相同量的肥料。定植第一年在距植株0.4～0.5m处、定植第二年在距植株0.5～0.8m处、定植第三年在距植株1.2～1.5m处，定植第四年在距植株1.5～2m处开沟施肥。缺磷的园地应补施有机肥+磷肥+矿物肥。

6.1.2　追肥

大田种植：主要以速效有机肥、生物菌肥、微肥为主。出土萌芽时以氮肥为主，追施微肥。在萌芽期，每亩施硝基磷肥（硝态氮）20～25kg等相同量的肥料。在葡萄开花前，每亩追施硝基磷肥20kg、磷酸一铵30kg等相同量的肥料。大量结果树在花前、花后10～15天，以氮、磷肥混合追施，每亩施硫酸钾25kg、磷酸一铵20kg等相同量的肥料。在浆果转色期前施磷、钾肥，每亩施硫酸钾30kg、磷酸一铵15kg等相同量的肥料。在距植株0.3～0.8m处穴施，施后覆土并及时浇水。未结果树前期追肥以氮肥为主，后期（7月中旬以后）以磷、钾肥为主，在8月10日左右追施硫酸二氢钾等相同量的肥料。

膜下滴灌：葡萄萌芽时肥料随水滴下去，花前2次肥随水将硝基磷肥施入，花后第一次果实膨大时追肥，花后第二次果实膨大时继续追肥，每两次滴灌加1次肥，共滴8次水、4次肥料。

6.1.3　叶面追肥

主要以微肥为主。土壤较贫瘠的园可采取叶面喷施补肥办法。6月中旬后，每15～20天喷施一次，使用0.3%磷酸二氢钾或其他新型叶面肥及微肥。

6.2 灌水

6.2.1 萌芽水

葡萄出土后灌1次透水，以恢复树势及促进萌芽。

6.2.2 花前水

花前灌1次中量的水，以利于花和新梢生长。

6.2.3 浆果膨大水

花后10～15天结合追肥灌1次透水，以利于浆果膨大。

6.2.4 浆果转色期后适当控制灌水

在浆果转色期后，应适当控制灌水，以利于浆果成熟，防止裂果和病害发生。

6.2.5 越冬水

埋土前10～15天灌足越冬水，以提高植株抗病、抗寒能力。采用滴灌，适当增加灌水次数。

7 其他管理

（1）每次灌水后要中耕、松土、除草，在土壤黏重和盐碱地葡萄园中尤为重要。

（2）地下水位高的园地，要做好排水、降水位工作，以防止盐碱、根窒息及黄化病为害。

（3）随时整理架面，绑缚新梢。

（4）控制架面上叶幕厚度，保持良好的通风透光状况。经常进行打副梢、除萌工作，保持棚架下地面呈花阴凉状况，架面迎光时可见大的光斑。防止枯叶及叶、果病害发生，有利于浆果着色成熟。

（5）幼龄葡萄园可间作矮秆绿肥或矮秆豆科植物，以提高土壤肥力。

8　病虫害防治

8.1　防治原则

坚持"预防为主，综合防治"植保方针。以农业防治为基础，提倡生物防治，按照病虫害的发生规律科学使用化学防治技术。化学防治所使用的农药应符合NY/T 393的要求。

8.2　植物检疫

做好产地检疫工作，加强对红地球葡萄苗木、果实运输前的调运检疫。

8.3　农业防治

建立无病、虫的育苗基地。刮除老蔓翘皮，清洁田园，杜绝病菌、各虫态害虫传播。采取适宜的红地球葡萄栽培架式，合理施肥、施足有机肥，适时灌水、排除积水，及时中耕除草，降低园内空气湿度。整个生长季节及时上架、除萌、抹芽、绑蔓、摘心和去副梢。在埋土和上架时，防止损伤枝蔓，减少病原菌侵染概率。

8.4　化学防治

8.4.1　出土后的防治

红地球葡萄出土后，在芽鳞片膨大期前全园淋洗式喷1次

3~5波美度石硫合剂,减少越冬病菌和虫源。5月下旬,在开花前7~10天,用50%醚菌酯干悬浮剂1 500~2 000倍液等绿色食品允许使用农药与多种微量元素混合喷雾,预防霜霉病和白粉病。

8.4.2　第一次膨大期的防治

落花后10~15天,果实进入第一次膨大期,用30%醚菌·啶酰胺悬浮剂1 000倍液、50%烯酰吗啉可湿性粉剂3 000倍液、72%霜脲·锰锌可湿性粉剂1 000倍液、40%嘧霉胺可湿性粉剂800倍液(10%多抗霉素可湿性粉剂600倍液)等高效低毒广谱性的绿色食品允许使用的药剂与多种微量元素混合喷雾,防治白粉病、霜霉病、灰霉病等病害,特别需要注意硼肥和钙肥的使用。

8.4.3　第二次膨大期的防治

8月上旬,使用80%戊唑醇可湿性粉剂5 000倍液、80%霜脲氰水分散粒剂2 500倍液(25%精甲霜灵2 500倍液)、50%啶酰菌胺可湿性粉剂1 500倍液(50%乙霉威可湿性粉剂+50%多菌灵可湿性粉剂800倍液)等高效低毒广谱性的绿色食品允许使用的药剂与多种微量元素混合喷雾,防治白粉病、霜霉病、灰霉病等多种病害,特别需要注意钙肥的使用。

8.4.4　其他

(1)尽量利用物理和生物措施,如用杀虫灯,必要时,依照绿色食品农药使用准则选定,并且同种成分的农药在一个生长季节最多用两次。

(2)除袋后或采果前15天内不能使用任何农药。

8.4.5　冬前防治

在温度8℃以上晴天无雨的天气，淋洗式喷洒5波美度石硫合剂，消灭越冬病源和虫源。

9　收获

疏去果穗中的小粒、青粒、病果、畸形粒、损伤粒，及时采收。产品质量应按NY/T 844执行。

10　包装与贮运

10.1　包装

应符合NY/T 658的要求。

10.2　贮运

应符合NY/T 1056的要求。

11　埋土、出土

11.1　埋土

一、二年生幼树要特别注意早霜冻的危害，应在10月初进行植株基部培土，土堆高度在20cm以上。在当地气温达到0℃以下土壤开始结冻前进行埋土。要求土壤灌越冬水后10～15天。将葡萄枝蔓理顺放入栽植沟，1次或分次埋土。要求土要埋实，不得有空隙，以防鼠害。在有稳定积雪地区埋土厚度为20～30cm，在其他地区埋土厚30cm以上。冬季防止牲畜践踏土堆，防止跑水淹地。

11.2 出土

在当地中午气温稳定在10℃时（当地杏花盛开时），即可进行出土（约在4月15日前后），出土后马上清理定植沟，灌水和绑缚上架。但要防止碰坏已萌发的芽、枝。注意晚霜危害。

绿色食品　克瑞森无核葡萄栽培技术规程

1　范围

本规程规定绿色食品A级克瑞森无核葡萄技术经济指标、建园、定植、整形与修剪、果穗和田间管理、病虫害防治、收获与贮藏、包装与贮运、埋土与出土等生产管理技术措施。

本规程适用于伊犁州直霍城县、伊宁县、伊宁市、察布查尔县等适宜栽植区。

2　规范性引用文件

下列文件对于本文件的应用是必不可少的。凡是注日期的引用文件，仅所注日期的版本适用于本文件。凡是不注日期的引用文件，其最新版本（包括所有的修改单）适用于本文件。

NY/T 469—2001　葡萄苗木

NY/T 391　绿色食品　产地环境质量

NY/T 393—2013　绿色食品　农药使用准则

NY/T 394—2013　绿色食品　肥料使用准则

NY/T 844　绿色食品　温带水果

NY/T 658　绿色食品　包装通用准则

NY/T 1056　绿色食品　贮藏运输准则

3 技术经济指标

产量：亩产1 000～1 200kg；

基本株：每亩223～318株；

单穗重：400～800g/穗；

单粒重：5～7g/粒；

商品果率：一级品率≥85%，二级品率≥10%；

可溶性固形物：≥18%。

定植第二个生长周期见果，第四个生长周期进入盛果期，优质稳产持续15年。

4 建园

园地选择与规划

4.1.1 园地选择

园地环境应符合NY/T 391的要求，选择在土壤通气良好、疏松、具备排水条件、地力中等的地块栽种，以沙质壤土、下层砾壤土为最佳。土层厚度80cm以上，pH值≤8。园址要选择交通便利，有供电设施的地块。

4.1.2 园地规划

4.1.2.1 株行距

采用3.5～4.0m的行距，0.6～0.75m的株距，以便提前进入丰产期。

4.1.2.2 行向

一般采用东西走向种植；依据地形，行向也可根据等高线规划，减少水土流失。

4.1.2.3 架式

采用水平独龙干小棚架架式。支架以水泥杆为宜，边柱长2.9m（下埋0.7m），粗度15cm×12cm。中间柱柱长2.7m（下埋0.5m），粗度12cm×10cm，柱距4~4.5m，支架纵横排齐、高度一致。棚架面纵向丝最好用细钢丝。立架面需3道直径为2.4mm的钢丝，高度分别距地面0.6m、1.2m、1.8m。棚架面每隔0.7m有1道直径为2.4mm的钢丝，约4道。第一道钢丝距地平面0.6m，最后一道钢丝距后排立柱1.5m。

4.1.2.4 作业区及道路规划

根据园地规模大小和地势条件，将园地划分为若干个大区和小区，每个作业小区面积以30~40亩为宜。40亩以下不设小区，40亩以上要进行小区划分，根据面积可设主干道、支路和作业道。超过500亩的果园，在园内要设主干道，主干道垂直或平行行向设置，路面宽不小于6m；路基需压实并尽可能铺成砂石或水泥路面；主干道要直接与园外公路相通，以便于运输。500亩以下的果园，在园内不设主干道，依托果园四周道路和园外公路。支路与主干道垂直，路面宽4~5m。作业道平行行向设置，路面宽2~3m。道路规划应充分考虑林网和水渠或管网建设。

4.1.2.5 防护林规划

防护林分主林带和副林带。其中，防护林树种主要为新疆杨、沙枣树等。主林带6行，沿主干道及园区四周分布，与主风方向垂直；副林带4行，依据地形布置，与主林带垂直。

4.1.2.6 滴管系统规划

滴管系统规划依据水源、气象、地形、土壤、灌溉设备、社会发展规划等进行。滴灌系统主要由供水装置、输水管道（主、支管）和滴管带3部分组成。主管与葡萄园行向平行，采用高压聚乙烯或聚氯乙烯管，依据园区面积用内径90~160mm不同的规格。支管与主管或行向垂直，采用聚乙烯或聚氯乙烯管，内径63~75mm的规格，支管间距依据地形、面积等在70~90m。滴管带用聚乙烯内镶式滴灌管，管壁为黑色，直径16mm，滴头间距30cm。滴管带直接安装在支管上，根据葡萄栽植的行向，在支管两侧沿着葡萄行布置，管长35~45m，间距依葡萄行距而定，每行葡萄布两条滴管带，分布在葡萄两侧，两条滴管带间距80cm。

5 定植

5.1 开沟及施肥

按园地规划要求，挖深宽各60cm的沟，挖沟工作最好在秋季进行。表土与心土分两面堆放，沟底先施入20cm的秸秆，然后每亩施腐熟的优质有机肥5m³+矿物中微量元素土壤调理剂30kg，肥料与表土混匀施入沟内。最后将定植沟填至距地面20cm，浇1次透水既可，待栽。

5.2 栽植

5.2.1 苗木选择

苗木采用成品苗，苗木质量应符合NY/T 369的要求。苗木可采用嫁接苗或自根苗。嫁接苗根系发达（4~6条侧根），枝条长（或嫁接口以上高度）15~18cm，剪口粗度0.4~0.7cm，3~4个饱满芽。自根苗根系发达（4~6条侧根），枝条长15~20cm，剪口粗度0.4~0.7cm，3~5个饱满芽。苗木禁止携带检疫性有害生物。

5.2.2 苗木消毒

定植前对苗木消毒，常用的消毒液为1%硫酸铜。

5.2.3 苗木定植

定植前，先对备好的苗木的根系进行修整，然后用水浸泡24h使之充分吸水，按照生根剂使用说明，对根系进行处理后定植。春栽，定植后浇透水，然后覆膜，将嫁接部位以上2~3芽露出膜外，上覆细湿土将苗芽盖住，待气温稳定达到30℃时将地膜去掉。秋栽，除春季移去防寒土后浇1次透水外，以后的管理方法与春栽苗相同。

5.2.3.1 秋栽

秋栽在10月下旬至11月中旬。

5.2.3.2 春栽

春栽在3月中下旬至4月上旬。

6 整形与修剪

6.1 整形

适用于独龙干整形，一根主蔓延伸至棚架顶端，从距地面50cm高处每隔20~25cm留一个结果枝组。

6.1.1 幼树整形

当幼树长至30~40cm时抹去多余的枝芽。只留一个主枝，并插桩绑缚。

当幼树长至1~1.3m时进行重摘心（摘心位置的叶片大小相当于成龄叶片1/2），并将最上端副梢抹除，使冬芽憋出新梢生长。其他副梢留2片叶反复摘心。幼树摘心最晚不得晚于8月上旬。重摘心的次数应按幼树生长势而定，若第一次摘心在6月下旬，主蔓延长生长到1.5m以上时，可进行第二次重摘心，并在主蔓距地面50cm处留好第一个结果母枝。

冬剪时从成熟部位最上端剪截，副梢全部疏除。第二年春季萌芽后疏除50cm以下新梢。结果枝、营养枝每年按1：1比例留枝。营养枝按20~25cm左右排开，冬剪时疏除结果枝，营养枝留2~3节短截留作第二年结果母枝，以后作为永久性的结果枝组。延长枝不能留果，长至8月上旬时重摘心，长度以不超过1~1.2mm为宜。第三年再在此枝上培养结果母枝。在主蔓长至距后排架1.5m时，控制其生长。

6.1.2 成龄树整形

成龄树整形主要是枝蔓的更新技术。在更新的前一年。从基部萌蘖中选粗壮、方向好的新梢按幼树整形法培养成蔓，同时逐步缩剪需更新老蔓，1~2年剪除老蔓，完成更新工作。

6.2 修剪

6.2.1 冬季修剪

冬季修剪一般在10月中下旬进行。采用单蔓，根据主蔓长度确定留结果枝组的数量。以单枝更新，将新梢2~3节短梢修剪，将延长枝，未布满架面的8~15节修剪，布满架面的延长枝3~5芽短剪。

6.2.1.1 通风带修剪

除保留更新的萌条外，将通风带1.1m高度范围内的多余枝剪除。

6.2.1.2　结果带修剪

在结果带25～35cm的范围内保留1个结果枝组，每个结果枝组上留1个结果母枝，冬剪时结果母枝3～4节剪截。

6.2.1.3　光照带修剪

主蔓延长枝布满架面后，延长枝修剪采用3～5芽短剪或回缩，延长枝头距下个架面1m左右。

6.2.2　夏季修剪

6.2.2.1　除萌、抹芽

葡萄开墩后，在营养生长初期要及时除去通风带多余的萌芽。除萌时应注意保护好之后更新需要的萌芽、萌条并及时摘心。抹芽时在结果枝组上保留扁而大的主芽，抹去弱芽及副芽，1个芽眼处只留1个壮芽。

6.2.2.2　定枝

按当年结果的需要留够一定的结果枝和预备枝，使结果枝与营养枝比例为2∶1。本着去弱留强的原则，抹去多余的背上、背下枝，疏去密生枝，一般20～30cm保留1个枝组。

6.2.2.3　枝组摘心

根据新梢的长势对枝组进行摘心。结果枝、营养枝在花前摘心，一般结果枝在花序以上留10～15张叶，营养枝留15～18张叶摘心，但应根据不同的树势适当地调整。

6.2.2.4　副梢摘心

新梢摘心后，叶腋内夏芽开始萌发，结果枝顶端的1～2个副梢要留3～5张叶摘心，其余副梢留1张叶反复摘心，将果穗以下副梢抹除。以后再发生则绝后摘心，即将再次发生的副梢全部抹除，不留叶片。

6.2.2.5 延长枝摘心

当主蔓未布满架面时，顶端抽生的新梢摘心后，顶端留1～2个副梢以延长生长，留3～5张叶反复摘心，其余副梢留1张叶反复摘心。

7 果穗和田间管理

7.1 果穗管理

7.1.1 定穗

1个枝组留1个结果枝、1个营养枝，结果枝留1穗，注意选留无病虫、穗形正常的大穗。

7.1.2 疏小穗

开花前去副穗、小穗，花期去除穗轴基部1～2个大的分枝，穗轴一轮逢四去二或逢三去一，小穗间距3～4cm，小穗留8～10个。穗形整理去穗尖，去小果、伤果、病果，穗长控制在20～25cm。及时去除卷须，摘除2次果穗。

7.1.3 穗形整理

去穗尖，去小果、伤果、病果，穗长控制在20～25cm。及时去除卷须，摘除2次果穗。

7.1.4 激素处理

可用20%赤霉酸激素处理，对增加果粒质量和果穗紧凑效果明显。在开花期至果实膨大期喷3次。第1次在开花前15～20天，每克激素加水40kg喷花序，使花序拉长；第2次在盛花期，每克激素加水30kg喷花序，起到疏花作用；第3次在果粒黄豆粒大时（直径4～6mm），每克激素加水20kg喷果穗，增大果粒。

7.1.5　套袋

应采用葡萄专用袋或无纺布袋套袋，套袋时间应避开高温天气，在果穗疏粒后及时套袋。套袋前用25%抑霉唑乳油1 000倍液，或多菌灵水剂800倍液，或70%甲基硫菌灵水剂1 000倍液喷洒果穗，药干后及时套袋。袋大小适当，上部适当绑扎紧。使用旧袋前，应用多菌灵可湿性粉剂600倍液等药剂对其消毒。

7.1.6　除袋

在果实采收前20天摘袋。

7.2　田间管理

7.2.1　土壤管理

7.2.1.1　生草或覆盖

葡萄园种植绿肥或作物秸秆覆盖，提高土壤有机质含量，并有利于保墒。

7.2.1.2　深耕

在新梢停止生长、果实采收后，结合秋季施肥进行深耕，深耕20～25cm，秋季深耕施肥后及时灌水。

7.2.1.3　清耕

在葡萄行间和株间进行中耕除草，经常保持土壤疏松和无杂草，园内清洁。

7.2.2　施肥管理

7.2.2.1　施肥的原则

肥料使用应符合NT/T 394的要求。根据葡萄的需肥规律进行配方施肥。使用的商品肥料应是在农业行政主管部门登记使用或免于登记的肥料。

7.2.2.2 施肥的时期和方法

（1）基肥。每年施1次有机肥，依据地力、树势和产量的不同，每株施20~40kg有机肥，并与磷、钾肥混合施用，一般于果实采收后秋季施基肥。挖深宽各0.4~0.5m的条形沟，将基肥施入，在10月下旬完成。定植第一年在距植株0.3~0.4m处，定植第二年在距植株0.4~0.6m处，定植第三年在距植株0.8~1.2m处，定植第四年在距植株1.2~1.5m处开沟施肥。

（2）追肥。未结果树前期以氮肥为主，后期（7月中旬以后）以磷、钾肥为主。追肥主要采用两种模式，模式一为纯化学肥料，模式二为氨基酸液肥加化学肥料。

纯化学肥料追肥模式：在出土至萌芽期，结合浇水每亩追施尿素25kg+磷酸一铵2kg，具体施用量根据树体大小、树势强弱做适当的调整；在花前或初花期，结合浇水每亩追施尿素25kg+磷酸一铵4kg+农用钾2kg；在花后，结合浇水每亩追施尿素18kg+磷酸一铵4kg+农用钾6kg；在幼果膨大期，追肥采用"一次带肥、一次清水"的模式，结合浇水每亩追施磷酸一铵4kg+农用钾4.5kg，间隔1次清水；在果实着色期，结合浇水每亩追施农用钾肥6kg；在浆果膨大期，结合浇水每亩追施农用钾肥10kg；在果实采收期，结合浇水追施磷、钾肥，每亩追施农用钾4.5kg。

氨基酸液肥加化学肥料追肥模式：在出土至萌芽期，结合浇水每亩追施氨基酸生物液肥15kg+尿素10kg，具体施用量根据树体大小、树势强弱做适当的调整；在花前或初花期，结合浇水每亩追施氨基酸生物液肥15kg+尿素10kg+磷酸二氢钾2kg；在花后，结合浇水每亩追施氨基酸生物液肥15kg+尿素

8kg+磷酸二氢钾2kg；在幼果膨大期，追肥采用"一次带肥、一次清水"的模式，结合浇水每亩追施氨基酸生物液肥10kg+磷酸二氢钾1.5kg，间隔1次清水；在果实着色期，结合浇水每亩追施氨基酸生物液肥5kg+磷酸二氢钾2kg；在浆果膨大期，结合浇水每亩追施磷酸二氢钾1.5kg+农用钾2kg；在果实采收期，结合浇水追施磷、钾肥，每亩追施磷酸二氢钾1.5kg。

叶面追肥：以生物菌肥、微肥为主。在土壤较贫瘠的园采取叶面喷施补肥办法。6月中旬后结合病害防治喷施3次，使用0.2%的磷酸二氢钾或1%~3%过磷酸钙及其他新型叶肥。最后一次叶面追肥要距采收期20天以上。

7.2.3　水分管理

7.2.3.1　萌芽水

在葡萄出土前或后灌萌芽水。每亩灌水量控制在50m³左右。

7.2.3.2　花前水

在花前5~7天灌1次花前水。根据土壤墒情适当灌水，每亩灌水量控制在15~20m³。

7.2.3.3　浆果膨大水

在生理落果到果实着色前的时间内，果实迅速膨大，新梢旺盛生长，一般每隔1周灌1次水，每亩灌水量控制在150~180m³。

7.2.3.4　果实着色水

在果实初上色至浆果完全成熟前，应科学适时灌水，每亩灌水量控制在15m³。

7.2.3.5　浆果转色期后至采收前应控水

在浆果转色期后至采收前，应控水。

7.2.3.6 越冬水

在埋土前10～15天灌水，有利于秋施基肥沉实和越冬防寒，每亩灌水量控制在60m³左右。灌水2次，第1次灌少量水进行排盐。

7.2.4 其他管理

（1）每次灌水后要中耕、松土、除草，在土壤黏重和盐碱地葡萄园中尤为重要。

（2）地下水位高的园地，要做好排水、降水位工作，以防止盐碱、根窒息及黄化病为害。

（3）随时整理架面，绑缚新梢。

（4）控制架面上叶幕厚度，保持良好的通风透光状况。及时进行打副梢、除萌工作，保持棚架下地面呈花阴凉状况，架面迎光时可见大的光斑。防止枯叶及叶、果病害发生。

（5）幼龄葡萄园可间作矮秆绿肥或矮秆豆科植物，提高土壤肥力。

8 病虫害防治

8.1 病虫害防治原则

坚持"预防为主，综合防治"植保方针，即以农业防治为基础，提倡生物防治，按照病虫害的发生规律科学使用化学防治技术。

8.2 植物检疫

按照国家规定的有关植物检疫制度执行。

8.3 清洁田园

及时清理果园中病僵果、病虫枝条、病叶等病残体；清除田间的杂草减少果园初侵染菌源和虫源。清除杂物深埋或烧毁。

8.4 化学防治

农药使用应符合NY/T 393的要求。

8.4.1 出土至花前的防治

克瑞森无核葡萄出土后，在芽鳞片膨大期前全园淋洗式喷1次3～5波美度石硫合剂抑制越冬病菌和虫源。用50%醚菌酯干悬浮剂1 500～2 000倍液加微量元素混合喷雾，预防霜霉病和白粉病。

8.4.2 果实第一膨大期防治

花后10～15天（果实第一膨大期），用30%醚菌·啶酰胺悬浮剂1 000倍液、50%烯酰吗啉可湿性粉剂3 000倍液等药剂防治白粉病、霜霉病、灰霉病等病害。

8.4.3 果实第二膨大期防治

8月上旬，用80%戊唑醇可湿性粉剂5 000倍液或50%啶酰菌胺可湿性粉剂1 500倍液（50%乙霉威可湿性粉剂+50%多菌灵可湿性粉剂800倍液）等药剂与微量元素混合喷雾，防治白粉病、霜霉病、灰霉病等多种病害。

8.4.4 冬前防治

在温度8℃以上晴天无雨的天气淋洗式喷洒5波美度石硫合剂，消灭越冬病源和虫源。

9 收获与贮藏

9.1 采收前的要求

果实在采前30天停止施氮肥，在采前1周停止灌水。采前遇雨水则应延迟采收。葡萄采收前15～20天要停止喷药。

9.2 采收时期

含糖量达18%以上，酸度在0.5%以下；果皮鲜红色，果肉由坚硬变为硬脆，而且富有弹性；具有本品种特有的风味。

9.3 采收

果穗在树上修剪，一剪入箱；采后预冷，分级包装；必须在果园交通便利、遮阴、通风处搭建工作棚和检验分级工作台，以保持工作台的环境整洁，采收实行流水线作业。剪穗、运输、修穗分级、装箱4大环节要分配好劳力。

9.4 采收质量

应符合NY/T 844的要求。

9.5 快速预冷与贮藏

葡萄运至冷库后要打开袋口，在-1～2℃条件下进行预冷，使葡萄的温度尽快下降。当温度下降到0℃时，将保鲜剂放入袋内，然后扎紧袋口，在（0.5±0.5）℃条件下进行长期贮藏。

10 包装与贮运

10.1 包装

应符合NY/T 658的要求。

10.2　贮运

应符合NY/T 1056的要求。

11　埋土、出土

11.1　埋土

一、二年生幼树要特别注意早霜冻的危害，应在10月初进行植株基部培土。土堆高度在20cm以上。在当地气温达到0℃以下土壤开始结冻前进行埋土（要求在土壤灌越冬水后10~15天）。将葡萄枝蔓理顺放入栽植沟，一次或分次埋土。土要埋实，不得有空隙，以防鼠害。有稳定积雪地区埋土厚度为20~30cm，其他地区埋土厚度为30cm以上。在冬季要防止牲畜践踏土堆，防止跑水淹地。

11.2　出土

在当地中午气温稳定在10℃以上时，即可进行出土（在4月15日前后），出土后马上清理定植沟，灌水和绑缚上架。防止碰坏已萌发的芽、枝。注意晚霜危害。

绿色食品 设施红地球葡萄栽培技术规程

1 范围

本规程规定了绿色食品A级设施红地球葡萄栽培的术语和定义，产地环境、建园、栽培管理、病虫害防治、收获、包装与贮运的要求。

本规程适用于伊犁州直绿色食品A级设施红地球葡萄春提早种植区域。

2 规范性引用文件

下列文件对于本文件的应用是必不可少的。凡是注日期的引用文件，仅所注日期的版本适用于本文件。凡是不注日期的引用文件，其最新版本（包括所有的修改单）适用于本文件。

NY/T 391 绿色食品 产地环境质量

NY/T 393—2013 绿色食品 农药使用准则

NY/T 394—2013 绿色食品 肥料使用准则

NY/T 844 绿色食品 温带水果

NY/T 658 绿色食品 包装通用准则

NY/T 1056 绿色食品 贮藏运输准则

3　术语和定义

3.1　日光温室

由采光和保温维护结构组成，以塑料薄膜、保温被为材料，在寒冷季节主要依靠获取和蓄积太阳辐射能或人工增温进行生产的单栋温室。

3.2　休眠

葡萄的芽或其他器官生长暂时停顿，仅维持微弱生命活动的时期。

3.3　催芽

能引起芽生长、休眠芽发育，或促芽提前发芽的措施。

3.4　整形

促进或抑制红地球葡萄的生长发育，改变葡萄形态。

3.5　修剪

对红地球葡萄枝蔓进行剪裁、疏除或其他处理的具体操作。

3.6　摘心

摘去新梢（营养枝）顶部的幼嫩部分或顶芽。

4　产地环境

应符合NY/T 391的要求。

5 建园

5.1 园地选择

园地应地形开阔、阳光充足、通风良好、排灌水良好地块。

5.2 园地规划

葡萄生产区域应边界清晰，按照新疆维吾尔自治区制定的日光温室架构合理进行园区规划，具有独立和完整的记录体系，适宜绿色食品红地球葡萄的生长。

5.3 棚膜覆盖

5.3.1 棚膜选择

选用0.065～0.12mm厚度的无滴防尘抗老化的聚乙烯棚膜。

5.3.2 覆膜时间

当年10月中旬覆盖棚膜。

5.3.3 揭膜时间

翌年6月中旬揭膜。

6 栽培管理

6.1 苗木选择

选择抗病、抗逆性强的1～2年生红地球葡萄一级嫁接苗。

6.2 定植

6.2.1 挖沟起垄

开挖深0.7～0.8m、宽0.8～1.0m定植沟。分层施入秸秆、有机肥等有机物质，与土混合，形成浅垄。

6.2.2 定植时间

当年4月中下旬至5月上中旬。

6.2.3 定植方法

南北向栽植，株行距为0.3m×1.8m，栽植密度为每亩1 200～1 300株。

6.3 肥水管理

6.3.1 肥料选择

肥料选择应符合NY/T 394的要求。

6.3.2 施基肥

施用时间为9月底至10月底，采用条沟、放射沟或环状沟等方式施肥。幼树每亩施有机肥1～1.5t，成龄树每亩施有机肥1.5～2t。每亩施过磷酸钙40～50kg等相同量的肥料。

6.3.3 追肥

6.3.3.1 根际追肥

在果实膨大期至着色期，采用沟施，在距根际40cm开外，挖深50cm的施肥沟。每亩施氮、磷、钾型复合肥20～30kg+硫酸钾20～30kg，施肥后浇1次透水。或使用沼液、沼渣等相同量的肥料进行追施。

6.3.3.2 叶面追肥

在开花前7天，叶面喷施0.3%硼肥；在着色初期，叶面喷施0.2%磷酸二氢钾等相同量的肥料，间隔10天再喷施1次。

6.3.3.3 铺膜

安置滴灌带，对行间铺设地膜。

6.3.4 水分管理

棚内浇水宜用滴灌方式进行灌溉。在萌芽前，浇1次透水；在开花前、果实一次膨大期、果实二次膨大期分别各浇1次水；采收前2周停止滴灌；果实采收完平茬后浇1次水。

6.4 整形及副梢管理

6.4.1 整形

定植后，选留2个健壮新梢培养成主蔓，采用"V"字形双干整枝。

6.4.2 副梢管理

6.4.2.1 采收前副梢管理

当年定植按照整枝方式和树形，将葡萄蔓按"V"形交叉摆开吊起，分布均匀。能看到葡萄果穗时，根据树体长势，取弱留强、取下留上，每株保留1~3穗壮果，其余枝芽抹去。必须预留基部更新枝利用副梢，多次摘心，培养好主蔓。主蔓高度达到1.2m时打顶，副梢留1~2片叶，连续反复摘心，保留两个副梢延长生长。延长枝长到5~6片叶时，再打1次顶。

6.4.2.2 采收后副梢管理

葡萄采收完后及时平茬，并将平茬枝蔓清出棚外，做好环境整理，棚内消毒。预留1~2条主蔓，及时吊蔓、抹副梢。副梢选留1~2片叶连续摘心，主蔓生长高度1.5m，浅翻耙平果沟、覆膜。在9月中旬剪去全部副梢，修剪保持单蔓长度达1m，摘除葡萄叶，保证休眠。

6.5 休眠与破眠

6.5.1 人工休眠

在11月中旬，白天将草帘或棉被放下，夜间将草帘或棉被卷起，打开上下风口，使冷空气进入棚内。人工创造休眠温度条件，浇1次透水，使棚内温度稳定在0～7℃，葡萄苗进入休眠期；在外界气温稳定在7℃以下时，长期覆盖棉被，使葡萄苗进入深度休眠。最低需冷量达到520h。

6.5.2 解除休眠

解除休眠前7天，白天卷起草帘，在棚温15℃时放下草帘或棉被，以利根系和枝蔓协调生长。休眠结束后，在正式升温前1周采用氰胺化钙（石灰氮），用水稀释5～7倍，进行破眠处理。注意石灰氮要现配现用，不可采用隔夜石灰氮。

6.6 温湿度管理

6.6.1 盖棚至休眠

扣棚膜后，棚内温度白天保持在30℃以下，中午要放风，夜间要保持12℃并关风口，保持好棚温促使苗木进一步木质化。

6.6.2 破眠后至萌芽前

温度控制在20～25℃，全天封闭。一般闷棚20～30天后，葡萄苗开始萌芽。

6.6.3 萌芽至花蕾显现

白天温度控制在28℃之内，超过时可开棚通风降温，低于22℃时关闭封棚。萌芽期棚内相对湿度控制在85%。

6.6.4 现蕾至开花前

白天温度控制在25～28℃，超过30℃应开棚降温，棚温低于23℃时关棚保温。

6.6.5 开花期

白天温度控制在25～28℃，棚内温度超过30℃时开棚通风，棚温低于25℃时关棚保温。开花期棚内空气相对湿度控制在65%。

6.7 果穗管理

6.7.1 疏穗

每亩留果穗3 000～3 500穗，坐果后和套袋前分2次定穗。

6.7.2 疏粒

落花后10～25天，每穗留80～90粒。

6.7.3 套袋

当葡萄果粒达0.8cm左右时，疏去小粒、畸形粒、不育粒，使果穗疏密有序。在疏果完成后及时套袋。

6.7.4 环剥

葡萄逐渐进入第二膨大期，果粒开始由青变白，此时按主蔓粗细度开始环剥。主蔓直径为1cm的，剥宽1cm；主蔓直径为0.8cm的，剥宽0.8cm。未结果树、病弱树不剥。

7 病虫害防治

7.1 防治原则

坚持"农业防治、物理机械防治为主，化学防治为辅"的原则，农药使用应符合NY/T 393的要求。

7.2　农业防治

加强肥水管理，增施有机肥，适量施用化肥；采用膜下滴灌等措施控制湿度。

7.3　物理机械防治

及时摘除中心病株，清洁田园，降低病虫源基数。

7.4　化学防治

7.4.1　芽萌动期防治

喷1次3～5波美度石硫合剂，杀死越冬虫卵、螨及越冬病菌。

7.4.2　开花前防治

用25%嘧菌酯悬浮剂1 500倍液等药剂预防霜霉病、白粉病。用0.136%赤·吲乙·芸薹可湿性粉剂20 000倍液进行叶面喷施，拉长葡萄果穗。

7.4.3　落花后防治

用25%嘧菌酯悬浮剂1 500倍液，或68.75%噁唑菌酮水分散粒剂1 500倍液，或53%精甲霜灵水分散粒剂1 000倍液等进行防治。

7.4.4　幼果期

在套袋后，用80%代森锰锌可湿性粉剂600倍液，或70%丙森锌可湿性粉剂500倍液进行保护性治疗。在霜霉病发病初期，用72%霜脲·锰锌可湿性粉剂800倍液，或64%噁霜·锰锌可湿性粉剂600倍液等药剂喷雾。在白粉病发病初期，用80%戊唑醇可湿性粉剂3 500倍液、50%啶酰菌胺可湿性粉剂1 500倍液等药剂喷雾。

7.4.5 果实膨大期至转色期

套袋15天后及时喷施半量式波尔多液，或用80%代森锰锌可湿性粉剂800倍液等药剂喷雾。每隔10～15天交替使用防病。

8 收获

疏去果穗中的小粒、青粒、病果、畸形粒、损伤粒，及时采收。产品质量应符合NY/T 844的要求。

9 包装

应符合NY/T 658的要求。

10 贮运

应符合NY/T 1056的要求。

绿色食品 其他林果作物类栽培技术规程

绿色食品 树上干杏栽培技术规程

1 范围

本规程规定了伊犁州直绿色食品A级树上干杏栽培的经济技术指标、树体管理、土肥水管理、病虫害防治、收获、包装与贮运等技术要求。

本规程适用于伊犁州直平原区、特克斯县、巩留县适宜栽植的区域。

2 规范性引用文件

下列文件对于本文件的应用是必不可少的。凡是注日期的引用文件，仅所注日期的版本适用于本文件。凡是不注日期的引用文件，其最新版本（包括所有的修改单）适用于本文件。

NY/T 391 绿色食品 产地环境质量

NY/T 393—2013 绿色食品 农药使用准则

NY/T 394—2013 绿色食品 肥料使用准则

NY/T 658　绿色食品　包装通用准则

NY/T 844　绿色食品　温带水果

NY/T 1056　绿色食品　贮藏运输准则

3　技术经济指标

产量：亩产1 000～1 200kg；

基本株：每亩198～330株；

商品果率：一级果率≥80%，二级果率≥15%；

可溶性固形物：≥21%。

定植第二年见果，第四年进入盛果期，经济寿命15年。

4　树体管理

4.1　整形

主要采用自然开心形树形，主干高60～70cm，主干上着生3～4个均匀错开的主枝，主枝基角45°～50°，主枝上着生侧枝或结果枝组，没有中心干。

4.2　修剪

4.2.1　幼树修剪

4.2.1.1　夏季修剪

定植当年，新梢长到80cm左右时，选方位合适的3～4个新梢作为主枝，在7月结合修剪摘心，促起萌芽发枝，其他枝拉平，作为辅养枝。

4.2.1.2　冬季修剪

在夏季修剪的基础上，对主枝延长头进行短剪，扩大树冠。侧枝开角缓放，过密枝、竞争枝疏除。

4.2.2　初果期修剪

在保持树形的基础上，对骨干枝开张角度，扩大树冠。冬剪和夏剪相结合。夏剪剪除背上过密枝和部分徒长枝；冬剪疏除背上直立竞争枝、密生枝，短截和回缩交叉枝。对非骨干枝，促其分枝，培养尽可能多的结果枝组。

4.2.3　盛果期修剪

以疏枝、短截为主，对各级骨干枝延长枝进行短截，长果枝要在1/3处短截，中、短果枝群要适当短截，刺激更新生长，保持健壮，同时搞好夏季摘心、拉枝等。对树冠中上部的过密枝、重叠枝及外围竞争枝、直立枝有空间的培养成结果枝组，没空间的疏除。

4.2.4　衰老期修剪

复壮更新，去除冠内多余的、分布不合理的、有病虫害和受损害的枝条，回缩衰弱多年生枝，一次性回缩到3~4年生枝基部。修剪时间宜在早春发芽前。大的伤口要削平并涂上愈合剂。

5　土肥水管理

5.1　施肥

5.1.1　基肥

在每年秋季进行，肥料使用应符合NY/T 394的要求。将腐熟的农家肥、磷化肥混匀后穴施。盛果期的大树每株开挖4~6穴。一般情况下，盛果期的大树每株施腐熟的农家肥50~100kg+氮、磷化肥0.5kg+矿物中微量元素土壤调理剂30g

等相同量的肥料。缺铁时，每株施0.1～0.2kg硫酸亚铁。

5.1.2 追肥

采用以氨基酸液体有机肥料为主的施肥方式。

5.1.2.1 花前肥

在花前两周左右进行，叶面喷0.2%硼酸或0.3%硼砂。土壤追肥以氨基酸有机肥料为主，具体用量为：每亩用尿素3kg+磷酸一铵5kg+氨基酸有机肥10kg等相同量的肥料施入。

5.1.2.2 果实膨大肥

5月中下旬是新梢旺长和花芽分化期，此期也是树上干杏的需肥临界期，结果树追肥模式以氨基酸液肥有机肥为主，具体用量为：每亩用尿素1kg+磷酸一铵5kg+农用钾5kg+氨基酸有机肥10kg等相同量的肥料，随水施入。

5.2 灌水

5.2.1 萌芽水

若遇春旱或春寒，在发芽前后要灌1次萌芽水，可提高抗旱或抗寒能力。

5.2.2 花前水

花期不能灌水，在花前结合追肥灌1次透水。

5.2.3 果实膨大水

在果实膨大期，一般7～10天灌1次水。到果实转色期应适当控水，促进成熟。

5.2.4 越冬水

在土壤封冻前灌一次越冬水，对树上干杏的防寒越冬和开春的发芽都非常重要。

6　病虫害防治

6.1　防治原则

　　坚持"预防为主，综合防治"植保方针，以农业和物理防治为基础，以生物防治为核心，按照病虫害发生、流行规律，科学使用化学防治技术，将病虫害的经济为害控制在允许水平之下。

6.2　植物检疫

　　做好产地检疫工作，加强对杏苗木、果实运输前的调运检疫。

6.3　农业防治

　　建立无病、虫育苗基地。刮除老树皮，清洁杏园，杜绝病菌、各虫态害虫传播。采取适宜的杏栽培模式，合理施肥、施足有机肥，适时灌水、排除积水，及时中耕除草，降低杏园内空气湿度。

6.4　物理防治

　　及时采取拔株、剪枝、刮树皮或刷除等措施，防治介壳虫效果显著。

6.5　生物化学防治

　　农药使用应符合NY/T 393的要求。

6.5.1　防治杏细菌性穿孔病、根癌病

每亩使用2%春雷霉素水剂130mL、3%中生菌素可溶粉剂1 000倍液，或0.3%梧宁霉素（四霉素）水剂500倍液等药剂喷雾。

6.5.2　防治杏褐腐病

每亩使用0.5%小檗碱水剂180mL，或1.5%多抗霉素可湿性粉剂75～150倍液等药剂喷雾。

6.5.3　防治腐烂病

早春将病斑坏死组织彻底刮除，深达木质部，刮后涂抹2%农抗120水剂20倍液、0.3%梧宁霉素水剂250倍液，或2.2%腐殖酸铜水剂原液等，再涂抹愈合剂。

6.5.4　防治杏球坚蚧、桑白蚧

在若虫活动时，每亩用30%茶皂素水剂1 200～1 350mg/kg，或10%烟碱乳油30～50mL等药剂喷雾，每隔7～10天喷1次，连续喷2～3次。

6.5.5　防治桃蚜

当有蚜虫株率达10%时开始防治。每亩用1.5%天然除虫菊素水乳剂1 000～1 500倍液、7.5%鱼藤酮1 500倍液、70%吡虫啉水分散粒剂1.5～2g，或40%啶虫脒水分散粒剂3.6～4.5g等药剂喷雾。

6.5.6　喷施石硫合剂

在10月下旬杏树进入休眠期前，或3月初芽体萌动前，各喷1次5波美度石硫合剂进行防治。

7　收获

7.1　采收时间

一般在杏七八成熟，即果面有2/3变黄时进行人工采摘。禁止用棍棒敲击杏使其掉落后再进行捡拾。伊宁市、霍城县采摘时间在6月下旬至7月上旬，察布查尔、巩留、特克斯县采收时间在7月上旬至中旬。

7.2　采收质量

采摘后进行自然晾干或机械烘干，不宜在树上晾干，以免降低商品率。采收质量应符合NY/T 844的要求。

8　包装与贮运

8.1　包装

应符合NY/T 658的要求。

8.2　贮运

应符合NY/T 1056的要求。

绿色食品 苹果栽培技术规程

1 范围

本规程规定了绿色食品A级苹果栽培的术语和定义、产地环境、苗木培育、栽培管理、收获、包装、贮藏与运输的要求。

本规程适用于伊犁河谷绿色食品苹果的栽培区域。

2 规范性引用文件

下列文件对于本文件的应用是必不可少的。凡是注日期的引用文件，仅所注日期的版本适用于本文件。凡是不注日期的引用文件，其最新版本（包括所有的修改单）适用于本文件。

GB/T 8559 苹果冷藏技术

GB 9847—2003 苹果苗木

GB 8370—2009 苹果苗木产地检疫规程

NY/T 391 绿色食品 产地环境质量

NY/T 393—2013 绿色食品 农药使用准则

NY/T 394—2013 绿色食品 肥料使用准则

NY/T 658 绿色食品 包装通用准则

NY/T 983 苹果贮运技术规范

NY/T 1056 绿色食品 贮藏运输准则

NY/T 1075—2006　红富士苹果

NY/T 1085—2006　苹果苗木繁育技术规程

NY/T 1086　苹果采摘技术规范

NY/T 2384　苹果主要病虫害防治技术规程

DB65/T 3427—2012　特色林果基地防护林建设技术规程

3　术语和定义

3.1　开角器

用铁丝制作或塑料加工成"E"或"Z"形，主要用于开张果树枝条角度或改变果树枝条方向的专用工具。

3.2　枝干比

主干与其上抽生分枝之间的粗度比值。

3.3　纺锤形树形

树高3.0~4.0m，干高0.8~1.0m；枝干比不大于1：（3~5），主干上配备侧生枝15~25个；侧生枝与主干夹角90°~110°，长度1.0~1.2m，长势均衡，呈螺旋式上升排列，同侧枝条间距20~25m，基部侧生枝稍长，自下而上逐渐缩短，侧生枝保持单轴延伸，其上着生结果枝组，整个树形呈纺锤形。纺锤形树形又分为自由纺锤形（15个左右侧生枝）、细长纺锤形（20个左右侧生枝）、高纺锤形（25个左右侧生枝）。

4　产地环境

环境质量应符合NY/T391的要求。选择地势平坦、背风朝阳、排灌方便、土壤耕层深厚、保水力强的壤土或沙壤土。

5 苗木培育

5.1 苗圃地选择

地势平坦，灌溉设施完善、交通便利；土壤pH值小于8.0，总含盐量小于0.4%；土层厚度1m以上，以壤土、沙壤土为宜；3年内未重茬种植。

5.2 砧木选择

以新疆野苹果或黄海棠为宜，其适应当地气候和土壤条件，与苹果嫁接亲和力强，抗寒、抗旱和抗盐碱能力强。

5.3 种子处理

选择充分成熟的种子。

春播：采用层积处理，用3～5倍的湿沙（湿度为40%～50%）和种子拌匀，贮存在2～5℃的环境中，保证低温、湿润、透气。野苹果种子在1月中旬开始层积，层积时间70天；黄海棠在1月下旬开始层积，层积时间60天。

秋播：无需层积，直接播种。

5.4 砧木苗培育

5.4.1 播种

5.4.1.1 播种时期

春播于4月上旬，5cm地温达3℃以上时进行；秋播于11月上旬进行。

5.4.1.2　播种方式及深度

机械播种，单行条播，行距40～50cm，播种深度为2～3cm。

5.4.1.3　播种量

每亩播种黄海棠种子2～3kg，每亩播种野苹果种子3～4kg。

5.4.2　苗期管理

5.4.2.1　中耕除草

在砧木苗长至3～5cm时中耕，并除草，全年除草4～5次。

5.4.2.2　间苗

在幼苗长出4～6片真叶时，进行间苗，苗间距10～12cm，同时去除细弱苗、病苗。

5.4.2.3　肥水管理

在5月中旬，每亩追施尿素3～5kg。在6月中下旬，每亩施尿素7.5kg。6—7月喷施0.3%磷酸二氢钾2～3次，提高苗木生长量。根据天气情况，全年浇水6～10次。在8月控水控肥，在入冬前灌一次封冻水。

5.4.2.4　病虫害防治

按照NY/T 1085—2006中第5.5.3.2条规定执行，农药使用符合NY/T 393的要求。

5.5　嫁接

5.5.1　接穗采集

采集无检疫性病虫害且无花叶病毒病、木质化程度高、生长充实、芽体饱满的苹果品种接穗，每50根一捆，挂上标签。

5.5.2 接穗储藏及运输

春季嫁接用的接穗于休眠期或萌芽前采集，置于保鲜库沙藏备用，温度控制在-1~2℃。运输时用湿润的报纸配以塑料薄膜包裹。秋季嫁接用的接穗采集后，保留叶柄剪除叶片，置阴凉处保湿备用。

5.5.3 嫁接方法

春季一般在4—5月嫁接，芽接、枝接均可；秋季一般在8月下旬至9月上旬嫁接，主要采用芽接。嫁接高度20~30cm。

5.6 嫁接苗管理

5.6.1 补接

在嫁接后10~15天检查成活率，对未成活的及时补接。

5.6.2 剪砧、除萌蘖、摘心

春季枝接的随接随剪砧，芽接的待接芽发芽后在接芽上方0.5cm处剪砧；秋季嫁接的于第二年春在接芽上方0.5cm处剪砧。萌芽后及时抹掉砧木上的萌蘖，抹除时要彻底，不留桩。待苗木长到80cm左右时摘心。

5.6.3 肥水管理

苗木生长期5月中下旬至7月底追施尿素2~3次，每亩用量8~10kg。叶面喷施0.5%磷酸二氢钾3~4次，0.2%~0.3%浓度的硫酸锌2~3次。全年中耕2~3次。在8月下旬控水控肥，在土壤封冻前灌1次封冻水。

5.6.4 病虫害防治

在4月底5月初，于苹果苗干及根部喷施1~2次20%吡虫啉可溶性粉剂防治苹果绵蚜。除此之外，按照NY/T 1085—2006中第5.5.3.2条规定执行。

5.7 苗木出圃

5.7.1 起苗

采用机械起苗，保全根系（特别是主根）不受损。在土壤封冻前或解冻后苗木萌芽前均可起苗。

5.7.2 分级

苗木分级按照GB 9847规定执行。

5.7.3 检疫

苗木检疫按照GB 8370规定执行。

5.8 包装与贮运

应符合NY/T 1085的要求。

6 栽培管理

6.1 园地选择

选择土层厚度0.8m以上，土壤pH值小于8.2，总含盐量小于0.4%，近3年无苹果、杏树、葡萄等果树栽植或育苗的土地。园地配套防护林，防护林建设按照DB65/T 3427—2012的规定执行。

6.2 苗木质量

宜选用Ⅱ级以上苹果苗建园。苗木规格按照GB 9847—

2003《苹果苗木》中表1执行。

6.3　苗木处理

在苗木栽植前，剪去主根系2～4cm、须根系1cm，剪除全部褐变腐烂根系，然后把苗木根系置于清水浸泡10～12h，同时在清水中放入80%多菌灵可湿性粉剂（甲基托布津）800～1 000倍溶液。

6.4　整地、开挖定植沟（穴）

机械整地，开挖宽80～100cm、深80～100cm的通沟，或定植穴长宽各100cm、深80cm。表土和心土分开堆放，然后回填20～30cm表土，回填秸秆或腐熟有机肥20～30cm，最后再回填表土，有机肥与表土混合均匀。

6.5　栽植

6.5.1　栽植密度及授粉树配置

株行距（1.5～2m）×4m，每亩栽植111株或83株。授粉树按8∶1比例中心式配置。具体可采用株间插空式配置，即每8株苹果树配1株授粉树；或每3行的中间1行每2株配置1株授粉树。授粉树可选择寒富、华硕、红盖露等苹果品种。也可选择专用授粉树（如绚丽、雪球、御紫等），配置比例为（15～20）∶1。

6.5.2　栽植方法

在4月上中旬，5cm土壤地温达5℃以上栽植。沿行向起微垄，规格为宽1.5m、高15～20cm。秋季机械打坑或人工挖定植坑均可，规格为60cm×60cm×60cm。回填时打碎土块，填平后把苗木轻提一下，使根系舒展，然后踩实苗木周围土壤。

6.5.3　灌水覆膜

在苗木栽植后立即浇1次透水，及时培土，将倒伏苗扶正，间隔8～10天再灌一次水。待水完全渗完后表面覆细土，同时整平地面，用宽幅黑色地膜或园艺地布顺行向中间低两边稍高进行覆盖，地膜或地布两边用土封严或园艺地布钉钉牢。

6.6　整形修剪

根据株行距选择自由纺锤形、细长纺锤形、高纺锤形进行整形修剪。

6.6.1　第一年修剪

如果采用2年生的苗木，定植后于萌芽前在饱满芽处定干，然后用木杆或竹竿扶正苗木使其顺直生长；当侧枝长度达到25～30cm时用塑料开角器或"E"字形铁丝开角器拉开枝角，与中央干的夹角为90°～110°。

如果采用3年生的苗木，定植时不定干或轻打头，以斜剪法去除主干上长度超过50cm的枝条；同样要用木杆或竹竿扶正苗木使其顺直生长。苗干从地面到80cm之间萌枝疏除，以上保留。同侧上下间距小于25cm枝条疏除。冬剪时疏除中央干上所发出的强壮新梢，疏除时留1cm的短桩，使轮痕芽处发弱枝；保留长度50cm以内的弱枝。

冬剪时疏除中央干上所发出的强壮新梢，疏除时留1cm的短桩，使轮痕芽处发弱枝；保留长度50cm以内的弱枝。

6.6.2　第二年修剪

6.6.2.1　春季修剪

第二年春天，在中心干分枝不足处进行刻芽或涂抹药剂（抽枝宝或发枝素）促发分枝，在展叶初期，剪除保留枝条的顶芽，缓和枝条生长势。苗干从地面到80cm之间再次发出的萌枝要疏除，同侧上下间距小于20cm新枝条疏除。出现开花枝条要将花序全部疏除，保留果台副梢。枝条角度按树冠不同部位的要求进行拉枝。

6.6.2.2　冬季修剪

冬季修剪时，疏除中央干上当年发出的强壮新梢，用斜剪法修剪，留1cm的短桩，促发弱枝；保留中干上50cm以内的弱枝。

6.6.3　第三年修剪

6.6.3.1　春季和夏季修剪

第三年春季和夏季修剪与第二年相同，要强调拉枝角度，枝条角度按树冠不同部位的要求进行拉枝。

6.6.3.2　冬季修剪

冬季修剪时，疏除主干上当年发出的强壮新梢，疏除时留1cm的短桩，保留中心干上当年发出的长度在50cm以内的侧生枝；同侧位侧生枝上下保持25cm的间距。

6.6.4　第四年修剪

第四年继续拉枝，开张角度。春季疏花和疏果，每亩产量控制在500～1 000kg。冬季修剪时，保留中心干发出的侧生枝，同侧位侧生枝上下保持25cm的间距。

6.6.5 成形后更新修剪

按照主干与同部位的侧枝基部粗度比3：1的原则，及时疏除主干上粗度超过3cm的大枝、树冠下部的长度超过1.2m的侧生枝，疏除树冠中部的长度超过1.0m的侧生枝，疏除树冠上部的长度超过0.8m的侧生枝，各侧生枝与主干的夹角保持90°～110°。依此逐年更新侧生枝，及时疏除中央干上过多的枝条，并回缩侧生枝上生长的下垂结果枝，更新复壮结果枝，4～5年轮换一次结果枝；在去除主干中下部大枝时留1.2～1.5cm短桩，但去除主干上部枝不留桩。

6.7 土肥水管理

6.7.1 行间生草

行间人工种草（黑麦草、高羊茅、早熟禾等）或自然生草，适时刈割。

6.7.2 常规施肥管理

肥料使用应符合NY/T394的要求。

6.7.2.1 基肥

9月中下旬至10月上旬施肥。将发酵好的有机肥和适量的速效肥拌匀施用，有机肥一次性施足。幼树每亩施有机肥2～2.5t、尿素15kg、过磷酸钙25～30kg；初果期每亩施有机肥2.5～3t、尿素20kg、过磷酸钙30～40kg；盛果期每亩施有机肥3～4t、尿素25kg、过磷酸钙40～50kg。在树冠外围投影范围内根系分布集中的区域，混合均匀施入，深30～40cm。

6.7.2.2 土壤追肥

分3次进行。第1次在土壤解冻后到萌芽前，以氮肥为主，幼树每亩施尿素20kg，结果树每亩施尿素40kg。第2次在花芽分化期（5—6月），以磷、钾肥为主，每亩施磷酸二铵30～40kg、硫酸钾或氯化钾40～50kg。第3次在果实膨大期（7—8月），以钾肥为主，每亩施硫酸钾50～70kg。在树冠垂直投影的外缘位置开沟施肥，深30～40cm。

6.7.2.3 叶面追肥

在萌芽前后喷施2～3次3%尿素，喷1～2次1%～2%锌肥；在花期喷施2次0.3%～0.4%硼砂等硼肥；在新梢旺长期喷施2～3次0.1%～0.2%铁肥；在5—6月喷1～2次0.3%～0.4%硼肥；在落叶前20天，喷施1%尿素和0.2%～0.3%硼肥，7～10天后喷1次2%～3%尿素和0.2%～0.3%硼肥，再过5～7天喷1次5%～6%尿素和0.2%～0.3%硼肥。叶面喷肥宜选择多云或阴天进行，晴天在上午10时前或下午6时后喷施。叶面肥要充分混匀，均匀喷洒叶背面和枝干部位。

6.7.2.4 补钙

在花期、幼果期、膨大期，以及采收前40天、25天，叶面喷施0.2%～0.4%钙肥5～8次，防治苦痘病。

6.7.3 水分管理

主要在萌芽前、开花后、果实膨大期和封冻前进行水分管理。根据果园水分状况和土壤墒情增加1～2次灌水。灌溉方式采用沟灌，在树冠垂直投影的外缘位置开宽30cm、深20cm的沟进行沟灌，全年沟灌4～6次。在采收前40天停止灌水。

6.7.4 水肥一体化管理

采用滴灌施肥，在果树两侧各拉铺设1条滴灌带进行滴灌，随根系扩大向外移动滴灌带。水肥一体化全年灌溉施肥

8～10次（表1），均采用根区交替灌溉。在11月下旬前灌一次封冻水。每生产100kg苹果施纯氮0.8～1kg、纯磷0.3～0.4kg、纯钾0.6～1kg，肥料使用应符合NY/T394的要求。幼龄期：$N:P_2O_5:K_2O=1:1:1$。初果期：$N:P_2O_5:K_2O=1:1:1$。盛果期：$N:P_2O_5:K_2O=2:1:2$。更新衰老期：$N:P_2O_5:K_2O=2:1:1$。在上述比例基础上，根据土壤养分和树势进行调节。

表1　苹果栽培水肥一体化管理

生育时期	灌溉次数	灌水定额（m³/亩·次）	每次灌溉加入养分占总量比例（%）		
			N	P_2O_5	K_2O
萌芽前	1	25	0	30	0
花前	1	20	10	10	10
花后2～4周	1	20	30	10	10
花后6～8周	1～2	20	20	10	20
果实膨大期	1～2	20	20	0	30
采收前	1	15	0	0	0
采收后	1	15	20	40	20
封冻前	1	30	0	0	0
合计	8～10	165～205	100	100	100

6.8　花果管理

6.8.1　授粉

采用花期放蜂或人工授粉。在开花前3～5天，每亩放400～500只壁蜂，蜂箱之间的距离不超过50m。在授粉树搭配不合理又缺乏授粉昆虫情况下，也可采用人工辅助授粉。用鸡毛掸子轻拂不同的品种花粉，相互授粉，授粉时间为11：00—19：00。

6.8.2 疏花疏果

在花序分离期，按25~30cm间距疏花序；在落花后2周疏果，留单果、留下垂果，疏畸形果、伤残果，果间距20~30cm，叶果比（30~50）：1。

6.9 病虫害防治

病虫害防治按照NY/T 2384的规定执行，同时农药使用应符合NY/T393的要求。

7 收获

在8月底至9月上中旬开始分批采收，采收时带棉质手套，随采随套网袋，轻拿轻放。其他按照NY/T 1086的规定执行。

8 包装

按照NY/T 1075—2006第8.1条规定执行，同时包装材料应符合NY/T658的要求。

9 贮藏与运输

贮藏方法按照GB/T 8559的规定执行，运输按照NY/T 983的规定执行，同时又符合NY/T 1056的要求。

绿色食品　设施樱桃栽培技术规程

1　范围

本规程规定绿色食品A级设施樱桃栽培的术语和定义、园地选择与建立、设施内环境控制、土肥水管理、整形修剪、花果管理、病虫综合防治、收获、包装与贮运、通风与撤膜的具体要求。

本规程适用于伊犁河谷绿色食品A级设施樱桃适宜栽培区域。

2　规范性引用文件

下列文件对于本文件的应用是必不可少的。凡是注日期的引用文件，仅所注日期的版本适用于本文件。凡是不注日期的引用文件，其最新版本（包括所有的修改单）适用于本文件。

GB/T 26906　樱桃质量等级

NY/T 391　绿色食品　产地环境质量

NY/T 393—2013　绿色食品　农药使用准则

NY/T 394—2013　绿色食品　肥料使用准则

NY/T 658　绿色食品　包装通用准则

NY/T 1056　绿色食品　贮藏运输准则

LY/T 2129　甜樱桃栽培技术规程

3 术语和定义

设施

泛指日光温室或塑料大棚。日光温室由采光和保温结构组成，以塑料薄膜为透明覆盖材料，在寒冷季节主要依靠获取和蓄积太阳辐射能或人工增温进行园艺作物生产的单栋温室。塑料大棚采用塑料薄膜覆盖的拱形棚，其骨架常用竹、木、钢材和复合材料建造而成。

4 产地环境

生态环境、空气质量、灌溉水质应符合NY/T391的要求，交通便利，设施东、南、西方向无遮阳物，北部无高大树木根系伸入。

5 园地选择与设施建立

5.1 园地条件

排灌方便，地下水位1m以下，土壤肥沃，土层为沙土或壤土，土壤pH值为7.0 ~ 8.2，总含盐量小于0.25%。

5.2 品种及砧木

品种为西里西娜、山东大樱桃红灯笼、乌克兰樱桃等优良品种。低温需求量一般为7.2℃以下1 440h。砧木主要选择毛樱桃，主栽品种与授粉品种按4∶1比例配置，梅花状、带状或点状配置方式。

5.3　栽植

5.3.1　栽植密度

株行距（2～3）m×4m

5.3.2　苗木质量

品种纯正。采用两年生苗木建园，规格要求：侧根长度≥15cm，侧根粗度≥0.4cm，侧根数量≥5条，苗高≥80cm，苗粗≥0.6cm，饱满芽个数≥6个，嫁接口愈合良好，无检疫性病虫害。采用大苗建园时，宜就近育苗，带土球栽植，规格要求：三年生以上的苗木，胸径≥2cm，树高≥1.5m，侧生分枝数≥8个。

5.3.3　栽植方式

南北行向栽植。定植沟宽50cm、深60cm，挖沟时生土和熟土分开放，在沟的最底层放10cm厚秸秆并压实，然后盖一层20cm厚熟土。每亩施优质腐熟农家肥2.5～3t，与熟土混拌均匀，填到沟内，踏实，浇透水。定植后铺黑色塑料膜或园艺地布。

5.3.4　设施结构

5.3.4.1　日光温室

日光温室的跨度为8m，脊高4.2m，拱架为钢骨架结构，东西山墙及后墙均为0.8m～1.2m厚的干打土墙或砖墙（保温层），后墙高2.8m，前坡水平角32°，后坡仰角40°。温室间距前后以冬季不遮光为准。

5.3.4.2　塑料大棚

南北向，跨度6.0～12.0m，长度50～100m，中高1.8～

3.0m，肩高1.2～1.5m。

6 设施内环境调控

6.1 扣棚

自然休眠结束后扣棚，时间在12月下旬至2月中旬。棚膜选择透光率高、升温快、耐低温、柔刚性及张力好的醋酸乙烯无滴膜。

6.2 温湿度指标管理

扣棚后10天左右白天温度10～17℃，夜间温度0～4℃，湿度保持在80%；萌芽期白天温度18～20℃，夜间温度5～7℃，湿度保持在80%；开花期白天温度严格控制在20～22℃，最高不超过25℃，夜间温度5～7℃，湿度保持在50%；落花期白天温度20～22℃，夜间温度7～9℃，湿度保持在60%左右；果实膨大期白天温度22～25℃，夜间温度10～12℃，湿度保持在60%左右；果实着色期至采收期白天温度22～25℃，夜间温度12～15℃，湿度保持在50%左右。

6.3 温度管理

循序渐进升温，每2～3天提高1℃，至18℃时应保持到开花，确保从升温到开花间隔不低于30天。遇到雨雪天气时，夜间加盖一层薄膜或草帘保温，遇突降温寒冷天气时应生火炉加温。塑料大棚要在东西两侧面内部加1.8m高的活动拖地裙膜，温度低时或通风降温时升起，温度高时落下。温度高时逐步放风。

6.4 湿度管理

通过膜下暗灌（滴灌及沟灌）和晴天上下风口放风调节。

6.5 光照管理

逐渐见光式揭膜。在温度条件允许的范围内，增强棚内光照，如采用在后墙挂反光膜、人工补光、早揭晚盖草帘、清洗棚膜上的灰尘以保持透光良好。

7 土肥水管理

7.1 土壤管理

中耕以深5～10cm为宜，全年中耕4～5次。采收后进行浅翻。

7.2 施肥

7.2.1 基肥

肥料使用应符合NY/T394的要求。在9月下旬至10月上旬结合深翻改土，幼树每亩施有机肥1 500kg、磷酸二铵3kg；在初果期每亩施有机肥2 000kg、尿素5kg、过磷酸钙10～15kg、硫酸钾3kg；在盛果期每亩施有机肥2.5～3.5t、尿素5kg、过磷酸钙10～20kg、硫酸钾3kg。如施用生物菌肥，化肥总量宜减少10%～15%。

7.2.2 土壤追肥

沟灌模式：在幼树期升温后7～10天每亩追施尿素5kg、过磷酸钙10kg、硫酸钾5kg；在初果期升温后7～10天每亩追施尿素5kg、过磷酸钙10~15kg、硫酸钾5kg；在硬核前期每亩磷酸钙10kg、硫酸钾5kg；在盛果期升温后7~10天每亩追施尿素5kg、过磷酸钙10~15kg、硫酸钾10~15kg；在硬核前期每亩追施过磷酸钙20kg、硫酸钾5kg。

滴灌模式：采用水肥一体化追肥，实行总量控制，少量多次的原则，全年追施10~12次。

7.2.3　叶面肥

在花期喷施0.2%~0.3%硼肥，连续喷2次；在果实膨大至成熟前1周喷施0.2%~0.4%碳酸二氢钾，连喷3~4次。在落叶前20天喷3%尿素和少量硼肥，连续喷2~3次，增加营养贮藏。

7.3　水分管理

在萌芽前、开花前、硬核前期、采果后4个时期进行灌溉，沟灌4~5次。如采用膜下滴灌，应少量多次，全年灌滴10~12次。

8　整形修剪

8.1　树形培养

株行距2m×4m模式，采用纺锤形树形。树高2.5m以下，干高0.4~0.6m。在中心领导干上配置10~15个单轴延伸的主枝，下部主枝较长，为0.8~1.0m，向上逐渐变短，为0.5~0.8m。主枝单轴延伸，自下而上螺旋状生长在中心干上。主枝间距20cm，主枝基角90°~110°。修剪主要以摘心和疏枝、拉枝开张角度为主。

株行距3m×4m模式，培养自然开心形树形。无中心干，干高40cm，有2~3个主枝，主枝开张角度50°~60°。其上着生各类结果枝组，单轴延伸，整个树冠呈圆形。

8.2　控制树势

在侧枝新梢生长至30cm左右时进行摘心，生长期摘心2~3次。对4年以上树龄的旺树，在新梢速长期对树冠外围新梢喷1次$700×10^{-6}$浓度的多效唑液，结合拉枝控制树势。

9　花果管理

9.1　通风锻炼

加强花器官的锻炼。一般可在开花前10天左右，每逢晴天，在不剧烈影响棚内温度的情况下打开通风口，适当降低棚内温度。遇连续阴天时，在白天或中午逐步揭1/5~1/3膜。

9.2　授粉

9.2.1　昆虫授粉

在开花前3~5天进行熊蜂、蜜蜂或壁蜂授粉，每亩放蜂量为200~300只，置于日光温室或大棚中间。

9.2.2　人工辅助授粉

遇阴雨等恶劣天气需进行人工辅助授粉，从盛花初期点授3~5次，每隔1~2天进行1次。在小竹竿的顶端绑上纱布，在不同品种间轻轻接触花朵的花药和柱头授粉。

9.3 疏花疏果

9.3.1 疏花芽

在花芽膨大期，疏除短果枝和花束状果枝基部发育差的花芽。每一花束状果枝上保留3~4个饱满花芽。在花期再疏去双子房的畸形花及弱质花。

9.3.2 疏果

在盛花后2~3周，每一花束状果枝保留4~5个横向及向上的大果，疏除小果、双子果、畸形果和细弱枝上过多的果实。

10 病虫害防治

按照LY/T 2129的规定进行病虫害防治，农药使用应符合NY/T393的要求。

11 收获

11.1 采收时期

一般在4月中下旬，果面鲜红，可溶性固形物达到14.5%以上时采收。

11.2 采收方法

手拿果梗，用食指捏住果柄基部，带果柄采下。

11.3 采收分级

按照GB/T 26906规定执行。

12　包装与贮运

12.1　包装

应符合NY/T 658的要求。

12.2　贮运

应符合NY/T 1056的要求。

13　通风与撤膜

在果实采后进行通风锻炼20～30天，在5月下旬至6月初可撤膜进入露地管理。

绿色食品 树莓栽培技术规程

1 范围

本技术规程规定了绿色食品A级树莓的术语与定义、产地要求、第一年管理、丰产期管理、收获、包装与贮运的要求。

本技术规程适用于伊犁州直绿色食品A级树莓的种植区域。

2 规范性引用文件

下列文件对于本文件的应用是必不可少的。凡是注日期的引用文件，仅所注日期的版本适用于本文件。凡是不注日期的引用文件，其最新版本（包括所有的修改单）适用于本文件。

NY/T 391 绿色食品 产地环境质量

NY/T 393—2013 绿色食品 农药使用准则

NY/T 394—2013 绿色食品 肥料使用准则

NY/T 658 绿色食品 包装通用准则

NY/T 1056 绿色食品 贮藏运输准则

3 术语和定义

以下术语和定义适用于本规程。

3.1　四季型树莓

指当年抽生的一年生枝条当年只进行营养生长，秋季新枝停止生长，随后进入休眠期。于第二年5月末至7月初开花结果。

3.2　秋果型树莓

指当年春天抽生的枝条于8月开始在枝条中部开花结果，果实一直可以采收到10月，随着温度降低枝条被迫休眠。而当年又从基部抽生大量的一级枝条，于秋季又开始开花结果。

4　产地环境

4.1　环境条件

应符合NY/T 391的要求。

4.2　选地

选择适宜机械作业的地块，以耕层深厚，结构良好，地面平整，排灌良好的壤土或沙壤土为宜。

5　第一年管理

5.1　定植前准备

5.1.1　施基肥

肥料使用应符合NY/T 394的要求。犁地前每亩施2～3t腐熟的有机肥、磷酸二铵15～18kg等相同量的肥料。

5.1.2　犁地、整地

及时进行犁地，犁地深度为25～30cm，并及时整地，整地质量达到"平、松、碎、齐、净、墒"六字标准。

5.1.3 开沟

平地应东西行向，坡地的行向应与等高线平行。

5.1.4 苗木选择

选用适合当地生态条件的抗寒、抗病虫害、高产、优质的苗木。要求苗木纯正、无病虫害；苗高30cm左右，茎粗0.5cm以上；根系健壮，苗木侧根数10条以上，根长15cm；侧根和枝条无损伤。

5.1.5 苗木定植前处理

秋季定植应边起苗边定植。春季栽植假植苗，应在栽前浸泡根系8～12h，使苗木充分吸水不易抽干；也可边起苗边栽植。

5.2 定植

5.2.1 定植时间

春季定植在4月初到中旬，此时土壤解冻并适宜农事操作，要在苗木萌发前期或初期进行。

秋季定植在10月中旬到土壤结冻前进行。

5.2.2 定植方式

5.2.2.1 单沟单行栽植

开"U"形沟，沟宽0.7m、深0.6m。在沟中心栽植。

5.2.2.2 单沟双行栽植

开"U"形沟，沟宽1.2m、深0.6m。在沟两侧栽植。

5.2.3　架设及搭架

有单篱壁架设、双篱壁架设两种。

5.2.3.1　单篱壁架设

适宜于单行栽植。在行内距每隔5m设一根支柱，支柱离地高1.5m，距地面0.6m、1.2m、1.5m分别拉一道铁丝，用"U"形铁丝固定植株主干。

5.2.3.2　双架篱壁架设

适宜于单沟双行栽植。在行两侧分别距每隔5m设一根支柱，两壁间距0.6m以上，支柱离地高1.5m，距地面0.6m、1.2m、1.5m分别拉一道铁丝，用"U"形铁丝固定植株主干。

5.3　中耕

结合灌水及时中耕，中耕2~3次，耕深5~10cm，防除杂草和去除多余分枝。

5.4　追肥

肥料使用应符合NY/T 394的要求。每亩追施尿素10~15kg、磷酸二氢钾3~5kg、硫酸锌2~3kg等相同量的肥料。

5.5　灌溉

结合萌芽、开花、新梢生长、果实膨大，休眠等进行灌水。灌溉可采用滴灌或者沟灌。

5.5.1　滴灌

结合萌芽每亩滴90m³，花前水每亩70m³，果实膨大水每亩60m³，封冻水每亩70m³。结合墒情适时灌水。

5.5.2 沟灌

结合萌芽每亩灌140m³，花前水每亩100m³，果实膨大水每亩90m³，封冻水每亩120m³。结合墒情适时灌水。

5.6 修剪

5.6.1 春季修剪

主要疏去干枯枝、过密枝、病虫枝条。

5.6.2 秋季修剪

秋季主要修剪木质化程度较低的秋梢、病枯枝和过密枝。

5.7 综合防治

5.7.1 农业防治

合理施肥和灌水提高树体抗性水平；清洁田园，将病虫枝叶等及时清出田园。

5.7.2 化学防治

防治灰霉病：每亩用40%嘧霉胺水分散粒剂63～94g、10%多抗霉素可湿性粉剂100～140g、50%腐霉利可湿性粉剂50～100g、50%异菌脲可湿性粉剂75～100g，或80%嘧霉胺水分散粒剂40g等药剂喷雾。

防治白粉病：多以每亩用50%醚菌酯水分散粒剂16～22g、40%腈菌唑可湿性粉剂10～12.5g，或430g/L戊唑醇悬浮剂12～18mL等药剂喷雾为主。

防治蚜虫：多以每亩用1.5%天然除虫菊素水乳剂1 000～1 500倍液、7.5%鱼藤酮1 500倍液、70%吡虫啉水分散粒剂1.5g～2g，或40%啶虫脒水分散粒剂3.6～4.5g等药剂喷雾为主。

防治螨类：多以用20%乙螨唑悬浮剂10 000倍液，或34%螺螨酯悬浮剂6 000倍液等药剂喷雾为主。

6　丰产树管理

6.1　丰产期确定

6.1.1　四季树莓

管理规范条件下，第二年即可进入丰产期，丰产年一般5～8年，丰产期视管理情况而定。

6.1.2　秋果型树莓

管理规范条件下，第三年即可进入丰产期，丰产年一般6～10年，丰产期视管理情况而定。

6.2　中耕

同5.3。

6.3　施肥

肥料使用应符合NY/T 394的要求。每年秋季入冬前结合秋耕在根际附近开沟进行施肥，每亩施腐熟的有机肥2～3t、磷酸二铵15～18kg等相同量的肥料。并在生长期每亩追施尿素15～20kg、磷酸二氢钾4～6kg、硫酸锌2～3kg等相同量的肥料。

6.4　灌溉

同5.5。

6.5 修剪

修剪重点在培养丰产骨干枝，同5.6。

6.6 病虫害防治

同5.7。

7 收获

在树莓九分成熟时采用人工采收，采收时乳胶戴手套。浆果易破，需轻采轻放。

8 包装与贮运

8.1 包装

应符合NY/T 658的要求。收获鲜果应及时加工，当日采收当日加工，不宜久放。

8.2 贮运

应符合NY/T 1056的要求。

绿色食品　西梅栽培技术规程

1　范围

本规程规定伊犁州直绿色食品A级西梅栽培的技术经济指标、园地选择、栽培技术、病虫害防治、收获、包装与贮运等要求。

本规程适用于伊犁州直逆温带绿色食品A级西梅适宜栽培区域。

2　规范性引用文件

下列文件对于本文件的应用是必不可少的。凡是注日期的引用文件，仅所注日期的版本适用于本文件。凡是不注日期的引用文件，其最新版本（包括所有的修改单）适用于本文件。

NY/T 391　绿色食品　产地环境质量

NY/T 393—2013　绿色食品　农药使用准则

NY/T 394—2013　绿色食品　肥料使用准则

NY/T 658　绿色食品　包装通用准则

NY/T 844　绿色食品　温带水果

NY/T 1056　绿色食品　贮藏运输准则

3　技术经济指标

产量：亩产1 200～1 500kg；

基本株：每亩42~46株；

商品果率：一级品率≥80%；

可溶性固形物：≥20%。

4 园地选择

4.1 产地要求

产地符合NY/T 391的要求。

4.2 园地选择

排灌方便，地下水位1m以下，土壤肥沃，土层为沙壤土或壤土，土壤pH值为7.0~8.2，总含盐量≤0.25。

5 栽培技术

5.1 定植前准备

5.1.1 开沟、挖定植穴

平地以南北行向为宜，沟上宽1m、下宽0.8m，定植穴的直径0.6m、深0.6m。

坡地按等高线开沟，沟上宽1m、下宽0.8m，定植穴的直径0.6m、深0.6m。

5.1.2 施基肥

平地和坡地均每穴施10~30kg腐熟有机肥。

5.1.3 品种及砧木

品种为法兰西、女神等，砧木选择山杏、山桃、樱桃李，授粉品种为大总统，搭配花期一致、花粉量大的授粉品种，配置比例为1：（6~7），采用梅花状、带状或点状配置方式。

5.1.4　苗木质量

采用两年生苗木建园，规格为主根长度≥20cm，侧根长度≥15cm，侧根基部粗度≥0.5cm，侧根数量≥4条，苗高≥100cm，地径≥0.8cm，砧段长度5~10cm，整形带内饱满芽个数大于6个。品种纯正，无机械损伤，无检疫对象，砧桩剪除，嫁接愈合良好。

5.2　定植

5.2.1　定植时期

以春栽为宜，3月下旬至4月中旬。

5.2.2　定植方法

采用"三埋两踩一提苗"的方法定植。如采用膜下滴灌浇水方式的可起垄铺膜定植。

5.2.3　栽植密度

株行距3m×5m，每亩42~46株。

5.3　定植后的管理

及时定干，一般高度50~60cm，定植后立即浇水，3天后浇二水。灌水后及时检查，如有苗木歪斜或穴内填土不平现象，应扶直并填土补平栽植坑。检查苗木成活情况，发现死苗要及时拔除，补栽新苗。

5.4 土肥水管理

5.4.1 土壤管理

幼龄果园与适宜种植的农作物套作，改良土壤、增加前期收益。成龄果园全园行间生草，结合秋施基肥，进行扩穴，深翻压绿。

5.4.2 施肥

肥料使用应符合NY/T 394的要求。

5.4.2.1 幼树施肥

以薄肥勤施的原则，从发芽后每亩追施尿素5～6kg、过磷酸钙8～10kg、硫酸钾4～6kg等相同量的肥料，促进花芽分化；9—10月施基肥，每亩施有机肥500～1 000kg+过磷酸钙20kg等相同量的肥料。

5.4.2.2 成龄树施肥

西梅成龄树全年施肥3～4次。第一次于萌芽前15天施入，每亩施磷酸二铵14～16kg、硫酸钾9～11kg等相同量的肥料；第二次于果实硬核期，以氮肥、钾肥、磷肥混合施入，每亩施硝基磷肥9～11kg、磷酸二铵10～20kg、硫酸钾8～12kg等相同量的肥料；第三次于转色期前施磷肥和氮肥，每亩施硝基磷肥14～16kg、磷酸二铵8～12kg等相同量的肥料；越冬前，每亩施腐熟农家肥2～3t+过磷酸钙45kg～50kg等相同量的肥料。

5.4.2.3 叶面肥

花期喷0.2～0.3%浓度的硼肥等肥料，连续喷2次；果实膨大到成熟前1周喷施0.2%～0.3%的磷酸二氢钾等肥料，连喷3～4次；落叶前20天，喷3%浓度的尿素和少量硼肥等，连续喷2～3次。

5.4.3　水分管理

在萌芽前、开花前、幼果膨大期、果实迅速膨大期、采
果后、越冬前后6个时期进行灌溉，沟灌4~5次，采用膜下滴
灌，少量多次，全年灌溉10~12次。

5.4.4　整形修剪

5.4.4.1　小冠形

干高50~60cm，第一层3个主枝，层间距70~80cm，第二
层2个主枝，以上开心落头。冬剪时充分利用二次、三次枝培
养主、侧枝尽快成形。多拉枝开角，只对背上枝、竞争枝、徒
长枝、枯死枝、病虫枝进行疏除。

5.4.4.2　纺锤形

干高50~60cm，全树不同方向留枝8~12个，行间距
20~25cm，以长放为主，多拉枝开角，疏除背上枝、竞争枝、
徒长枝、枯死枝、病虫枝、径粗超过主干1/2以上枝。

5.4.5　花果管理

5.4.5.1　昆虫授粉

开花前2~3天，放蜜蜂等昆虫进行授粉，每亩放蜂1箱。
遇阴雨等恶劣天气，需进行人工辅助授粉。

5.4.5.2　生长调节剂保果

在盛花期，喷施30mg/kg赤霉素，和0.2%磷酸二氢钾+
0.2%尿素+0.3%硼砂等相同量的肥料，提高坐果率。

5.4.5.3　预防晚霜危害

4月上旬至5月上旬，在花期或幼果期遇晚霜低温时，在霜
前浇水。在低温来临时，采用喷防冻剂、果园熏烟、覆盖等措
施防寒。

5.4.5.4 疏花疏果

长果枝留5~6个花蕾，中果枝留3~4个花蕾，短果枝或花束状果枝留2~3个花蕾。疏果在第二次落果后开始，一般在花后50~60天期间按要求留果量完成疏果，一般短果枝留1个果，中长果枝间隔5~6cm留1个果。

6 病虫害防治

6.1 防治原则

采取预防为主、综合防治的原则，农药使用应符合NT/T 393的要求。

6.2 农业防治

合理施肥和灌水提高树体抗性水平；清洁田园，将病虫枝叶等及时清出田园。

6.3 化学防治

6.3.1 防治黄化病

6—7月，叶面喷施0.2%~0.3%硫酸亚铁和硫酸镁等相同量的肥料，喷雾2~3次。

6.3.2 防治红蜘蛛

萌芽前喷施5波美度石硫合剂进行防治；盛花后用20%乙螨唑悬浮剂10 000倍液或34%螺螨酯悬浮剂6 000倍液等药剂喷雾。

6.3.3 防治桑白蚧

萌芽前喷施5波美度石硫合剂进行防治；在若虫孵化盛期，

每亩喷5%高效氯氟氰菊酯微乳剂12～18mL等药剂进行防治。

7　收获

7.1　采收时期

一般8月中下旬，果面鲜红，可溶性固形物≥20%以上时采收。

7.2　采收方法

手拿果梗，用食指捏住果柄基部，带果柄采下。

7.3　分级与包装

按果粒大小、色泽、畸形果、病虫果、伤果，将西梅果实分级包装。

7.4　采收质量

采摘后进行自然晾干或机械烘干，不宜在树上晾干，以免降低商品率。采收质量应符合NY/T 844的要求。

8　包装与贮运

8.1　包装

应符合NY/T 658的要求。

8.2　贮运

应符合NY/T 1056的要求。

第六篇　两种作物复播类

绿色食品　冬小麦复播胡萝卜
栽培技术规程

1　范围

本规程规定了绿色食品A级冬小麦复播胡萝卜栽培的技术指标、产地环境、茬口安排、冬小麦栽培、复播胡萝卜栽培、收获、包装与贮运的要求。

本规程适用于伊犁州直年≥10℃有效积温3 150～3 500℃，无霜期140～160天的区域。

2　规范性引用文件

下列文件对于本文件的应用是必不可少的。凡是注日期的引用文件，仅所注日期的版本适用于本文件。凡是不注日期的引用文件，其最新版本（包括所有的修改单）适用于本文件。

GB 4404.1　粮食作物种子　第1部分：禾谷类

NY/T 391　绿色食品　产地环境质量

NY/T 393—2013　绿色食品　农药使用准则

NY/T 394—2013　绿色食品　肥料使用准则

NY/T 658　绿色食品　包装通用准则

NY/T 1056　绿色食品　贮藏运输准则

3 技术指标

3.1 冬小麦

基本苗：每亩32万～36万株；

最高总茎数：每亩80万～90万株；

成穗数：每亩40万～45万株；

千粒重：40～45g；

产量：亩产450～500kg。

3.2 胡萝卜

株数：每亩1.7万～2.2万株；

单根重：150～180g；

产量：亩产3 000～3 200kg。

4 产地要求

4.1 环境条件

应符合NY/T 391的要求。

4.2 气候条件

无霜期140～160天，≥10℃积温3 150～3 500℃。

4.3 土壤条件

选择土壤肥力中等以上，耕层深厚，结构良好，地面平整，排灌良好，有机质含量≥2%，碱解氮含量≥60mg/kg，速效磷含量≥6mg/kg的壤土或沙壤土为宜。

5　茬口安排

冬小麦：9月中下旬至10月中旬播种，翌年7月上中旬收获。

胡萝卜：7月上中旬播种，10月上旬成熟。

6　冬小麦栽培

6.1　播前准备

6.1.1　灌底墒水

播前灌好底墒水，每亩灌水量为80～100m³，灌水均匀，不冲不漏，保证灌水质量。

6.1.2　施基肥

肥料使用应符合NY/T 394的要求。每亩施优质腐熟有机肥2～3t，尿素10～12kg，磷酸二铵15～18kg，钾肥4～6kg等相同量的肥料。有机肥与化肥混施，翻地前均匀地撒于地面。若施用生物菌肥，化肥总量应减少10%～15%。

6.1.3　深翻

茬地、休闲地、绿肥地均要深耕，耕深28～30cm。秋翻地用旋耕机整地即可，深度以20cm为宜。

6.1.4　整地

整地质量要达到"平、松、碎、齐、净、墒"六字标准。

6.1.5　品种选择

种子质量应符合GB 4404.1的要求，选择选择品质好、抗病、抗倒、适应性强的冬麦品种，主要以新冬41号、新冬42号、新冬52号、伊农21、伊农18号等为主。

6.1.6 种子处理

针对小麦锈病，每100kg种子用戊唑醇可湿性粉剂100～200g等药剂拌种。

针对小麦雪腐雪霉病，每100kg种子用2.5%咯菌腈悬浮种衣剂200mL，或9%氟环·咯·苯甲悬浮种衣剂200mL等药剂拌种。

6.2 播种

6.2.1 播种期

最适播期为9月26日至10月10日。

6.2.2 播种量

每亩播种量为20～25kg。

6.2.3 播种方法

采用机械沟播，行距15cm，播深3～4cm。

6.2.4 带肥下种

带肥下种播种时，每亩施种肥磷酸二铵5～8kg。肥、种分箱分施，肥与种子不得混合。

6.2.5 播种质量

达到播深一致，下种均匀，播行端直，覆土严密，镇压严实。

6.3 田间管理

6.3.1 查苗补种

小麦齐苗后，对于因机播时排种管堵塞而造成的较大面积漏播的空地和空行，应进行催芽补种。

6.3.2 冬前管理

6.3.2.1 浇越冬水

在11月中旬浇越冬水，每亩灌水量为60~70m³。

6.3.2.2 化控

对生长过旺的麦田，每亩喷施15%多效唑可湿性粉剂50~60mL，兑水30kg喷雾。

6.3.2.3 防牲畜啃青

严禁牲畜在麦田啃青。

6.3.3 返青至拔节期管理

6.3.3.1 春耙

小麦进入返青期，一般在3月中旬，此时应及时春耙，耙深4~6cm。

6.3.3.2 因苗追肥

对冬前每亩总茎数不足40万株、麦苗长势弱的麦田和晚播麦田，结合灌水，每亩追施尿素5~8kg等相同量的肥料。

6.3.3.3 化控

在返青至拔节前，每亩喷施15%多效唑可湿性粉剂50~60mL，兑水30kg喷雾，防止旺长麦田后期倒伏。

6.3.3.4 除草

在3月底及时除草。每亩用15%炔草酯可湿性粉剂20~25g，或70%氟唑磺隆水分散粒剂60~80mL，兑水30kg喷雾防除禾本科杂草；每亩用20%氯氟吡氧乙酸乳油50~66mL，或50g/L双氟磺草胺悬浮剂20mL+56% 2甲4氯钠可溶粉剂40g等药剂，兑水30kg喷雾防除阔叶杂草。

6.3.3.5 灌头水

在4月中旬小麦进入拔节期，应及时灌小麦的第一水，每亩灌水量为60~70m³。

6.3.3.6 追肥

结合小麦头水，每亩追施尿素10kg等相同量的肥料。

6.3.4 孕穗至抽穗期管理

6.3.4.1 灌水

在孕穗期灌第二次水，每亩灌水量为60~70m³。

6.3.4.2 追肥

结合二水，每亩追施尿素5~8kg等相同量的肥料。

6.3.4.3 叶面喷肥

每亩喷施95%磷酸二氢钾50~80g等相同量的叶面喷施肥料，兑水30kg喷雾。

6.3.5 扬花至成熟期管理

6.3.5.1 灌水

扬花后12~15天灌第三次水，每亩灌水量为60~80m³。

6.3.5.2 去草、去劣

要及时进行人工拔除除大草和去杂去劣工作，促进小麦正常生长。

6.3.5.3 叶面喷肥

在灌浆初期，每亩喷施95%磷酸二氢钾150~180g等相同量的叶面喷施肥料，兑水30kg喷雾。

6.3.5.4 灌麦黄水

在成熟前10~15天灌麦黄水，每亩灌水量为70~80m³。

6.4　病虫害防治

6.4.1　施药原则

农药使用应符合NY/T 393的要求。

6.4.2　综合防治

坚持"预防为主，综合防治"植保方针，以农业防治为基础，协调运用生物防治、物理防治、化学防治等防治技术，以期实现病虫害绿色防控。

6.4.3　植物检疫

实行严格的检疫制度，分别对本地冬小麦制种田、外地调进的冬麦种子实行产地检疫和调运检疫，确保冬小麦种子无检疫性有害生物。

6.4.4　农业防治

实行严格的轮作制度，与非禾本科作物进行轮作。选用抗病品种。铲除田边地头和渠埂上杂草和自生麦苗，降低越冬虫口和病源基数。培育壮苗，提高抗逆性。增施充分腐熟的有机肥料，配以叶面追肥，均衡施肥。

6.4.5　物理防治

采用灯光诱杀、色板（带）诱条或性诱剂等物理诱捕，控制鳞翅目、同翅目害虫。

6.4.6　生物防治

积极保护利用天敌昆虫如七星瓢虫、草蛉等，控制蚜虫为害。

6.4.7 化学防治

6.4.7.1 防治蚜虫

当百株蚜虫量达500头以上时，每亩用10%吡虫啉可湿性粉剂6～10g，或5%天然除虫菊素乳油25mL等药剂喷雾。

6.4.7.2 防治白粉病、锈病

在发病初期，每亩用35%甲硫·氟环唑悬浮剂93～100mL，或25%丙环唑乳油30～40mL，80%戊唑醇水分散粒剂6g，或20%三唑酮乳油1 000倍液，或80%粉唑醇可湿性粉剂6～10g等药剂喷雾。各种药剂轮换交替使用。

7 复种胡萝卜栽培

7.1 播前准备

7.1.1 品种选择

选择抗病较强、丰产、早熟、适合当地口味的品种。以新黑田五寸参、红参六寸等为主栽品种。

7.1.2 施肥整地

冬小麦收后及时整地。每亩施优质腐熟有机肥2～3t、磷酸二铵15～20kg等相同量的肥料。深翻整地，深度为25～30cm。整地质量达到"齐、平、墒、碎、净、松"六字标准。

7.2 播种

条播，行距20cm，播深1～2cm，每亩播量0.5～0.75kg。

7.3 苗前除草处理

播种后，每亩施用33%二甲戊灵乳油（施田补）100～

150mL，兑水30kg均匀喷洒地面。

7.4　田间管理

7.4.1　定苗

定苗前间苗2～3次。第一次在苗高3cm，1～2片真叶进行；第二次在4～5片真叶时进行，疏去过密苗、弱苗、劣株和病株；在5～6片真叶时定苗，株距8～10cm，每亩留苗1.7万～2.2万株。

7.4.2　浇水

在幼苗期至叶部生长盛期，保持水分适中，一般浇1水，每亩灌水量为60～70m³。肉质根肥大期，浇1～2次水，每亩灌水量为70～80m³。

7.4.3　中耕培土

中耕可在每次间苗、定苗、浇水后土壤湿度适宜时进行。培土在最后一次中耕封垄前进行，并将细土培至根头。

7.5　病虫害防治

在发病初期，用65%代森锰锌可湿性粉剂600～800倍液，或25%嘧菌酯悬浮液1 500倍液喷雾，防治胡萝卜斑点病。

8　收获

冬小麦：在小麦蜡熟期以后颖壳变黄、变干时，及时机械收割。

胡萝卜：一般在10月中旬开始收获，预防冻害。

9　包装与贮运

9.1　包装

应符合NY/T 658的要求。

9.2　贮运

应符合NY/T 1056的要求。

绿色食品　冬小麦复播油葵栽培技术规程

1　范围

本规程规定了绿色食品A级冬小麦复播油葵栽培的技术指标、产地环境、茬口安排、冬小麦栽培、复播油葵栽培、收获、包装与贮运的要求。

本规程适用于伊犁州直年≥10℃有效积温3 150 ~ 3 500℃，无霜期140 ~ 160天的区域。

2　规范性引用文件

下列文件对于本文件的应用是必不可少的。凡是注日期的引用文件，仅所注日期的版本适用于本文件。凡是不注日期的引用文件，其最新版本（包括所有的修改单）适用于本文件。

GB 4404.1　粮食作物种子　第1部分：禾谷类

GB 4407.2　经济作物种子　第2部分：油料类

NY/T 391　绿色食品　产地环境质量

NY/T 393—2013　绿色食品　农药使用准则

NY/T 394—2013　绿色食品　肥料使用准则

NY/T 658　绿色食品　包装通用准则

NY/T 1056　绿色食品　贮藏运输准则

3 技术指标

3.1 冬小麦

基本苗：每亩32万～36万株；

最高总茎数：每亩80万～90万株；

成穗数：每亩40万～45万株；

千粒重：40～45g；

产量：亩产450～500kg。

3.2 油葵

基本苗：每亩5 000～5 500株；

产量：亩产150～180kg。

4 产地要求

4.1 环境条件

应符合NY/T 391的要求。

4.2 气候条件

无霜期140～160天，≥10℃积温3 150～3 500℃。

4.3 土壤条件

选择土壤肥力中等以上，耕层深厚，结构良好，地面平整，排灌良好，有机质含量≥2%，碱解氮含量≥60mg/kg，速效磷含量≥6mg/kg的壤土或沙壤土为宜。

5　茬口安排

冬小麦：9月中下旬至10月中旬播种，翌年7月上旬收获。

油葵：7月上中旬播种，10月上旬收获。

6　冬小麦栽培

6.1　播前准备

6.1.1　灌底墒水

播前灌好底墒水，每亩灌水量为80～100m³，灌水均匀，不冲不漏，保证灌水质量。

6.1.2　施基肥

肥料使用应符合NY/T 394的要求。每亩施优质腐熟有机肥2～3t，尿素10～12kg，磷酸二铵15～18kg，钾肥4～6kg等相同量的肥料。有机肥与化肥混施，翻地前均匀地撒于地面。若施用生物菌肥，化肥总量应减少10%～15%。

6.1.3　深翻

茬地、休闲地、绿肥地均要深耕，耕深28～30cm。秋翻地用旋耕机整地即可，深度以20cm为宜。

6.1.4　整地

整地质量要达到"平、松、碎、齐、净、墒"六字标准。

6.1.5　品种选择

种子质量应符合GB 4404.1的要求。选择选择品质好、抗病、抗倒、适应性强的冬麦品种，主要以新冬41号、新冬42号、新冬52号、伊农21号、伊农18号等为主。

6.1.6　种子处理

针对小麦锈病，每100kg种子用戊唑醇可湿性粉剂100～200g等药剂拌种。

针对小麦雪腐雪霉病，每100kg种子用2.5%咯菌腈悬浮种衣剂200mL，或9%氟环·咯·苯甲悬浮种衣剂200mL等药剂拌种。

6.2　播种

6.2.1　播种期

最适播期为9月26日至10月10日。

6.2.2　播种量

每亩播种量为20～25kg。

6.2.3　播种方法

采用机械沟播，行距15cm，播深3～4cm。

6.2.4　带肥下种

带肥下种播种时，每亩施种肥磷酸二铵5～8kg。肥、种分箱分施，肥与种子不得混合。

6.2.5　播种质量

达到播深一致，下种均匀，播行端直，覆土严密，镇压严实。

6.3　田间管理

6.3.1　查苗补种

小麦齐苗后，对于因机播时排种管堵塞而造成的较大面积漏播的空地和空行，应进行催芽补种。

6.3.2　冬前管理

6.3.2.1　浇越冬水

在11月中旬浇越冬水，每亩灌水量为60～70m³。

6.3.2.2　化控

对生长过旺的麦田，每亩喷施15%多效唑可湿性粉剂50～60mL，兑水30kg喷雾。

6.3.2.3　防牲畜啃青

严禁牲畜在麦田啃青。

6.3.3　返青至拔节期管理

6.3.3.1　春耙

小麦进入返青期，一般在3月中旬，此时应及时春耙，耙深4～6cm。

6.3.3.2　因苗追肥

对冬前每亩总茎数不足40万株、麦苗长势弱的麦田和晚播麦田，结合灌水，每亩追施尿素5～8kg等相同量的肥料。

6.3.3.3　化控

在返青至拔节前，每亩喷施15%多效唑可湿性粉剂50～60mL，兑水30kg喷雾，防止旺长麦田后期倒伏。

6.3.3.4　除草

在3月底及时除草。每亩用15%炔草酯可湿性粉剂20～25g，或70%氟唑磺隆水分散粒剂60～80mL，兑水30kg喷雾，防除禾本科杂草。每亩用20%氯氟吡氧乙酸乳油50～66mL，50g/L双氟磺草胺悬浮剂20mL+56% 2甲4氯钠可溶粉剂40g等药剂，兑水30kg喷雾，防除阔叶杂草。

6.3.3.5　灌头水

在4月中旬小麦进入拔节期，应及时灌小麦的第一水，每亩灌水量为60～70m³。

6.3.3.6　追肥

结合小麦头水，每亩追施尿素10kg等相同量的肥料。

6.3.4　孕穗至抽穗期管理

6.3.4.1　灌水

在孕穗期灌第二次水，每亩灌水量为60～70m³。

6.3.4.2　追肥

结合二水，每亩追施尿素5～8kg等相同量的肥料。

6.3.4.3　叶面喷肥

每亩喷施95%磷酸二氢钾50～80g等相同量的叶面喷施肥料，兑水30kg喷雾。

6.3.5　扬花至成熟期管理

6.3.5.1　灌水

扬花后12～15天灌第三次水，每亩灌水量为60～80m³。

6.3.5.2　去草、去劣

要及时进行人工拔除除大草和去杂去劣工作，促进小麦正常生长。

6.3.5.3　叶面喷肥

在灌浆初期，每亩喷施95%磷酸二氢钾150～180g等相同量的叶面喷施肥料，兑水30kg喷雾。

6.3.5.4　灌麦黄水

在成熟前10～15天灌麦黄水，每亩灌水量为70～80m³。

6.4 病虫害防治

6.4.1 施药原则

农药使用应符合NY/T 393的要求。

6.4.2 综合防治

坚持"预防为主，综合防治"植保方针，以农业防治为基础，协调运用生物防治、物理防治、化学防治等防治技术，以期实现病虫害绿色防控。

6.4.3 植物检疫

实行严格的检疫制度，分别对本地冬小麦制种田、外地调进的冬麦种子实行产地检疫和调运检疫，确保冬小麦种子无检疫性有害生物。

6.4.4 农业防治

实行严格的轮作制度，与非禾本科作物进行轮作。选用抗病品种。铲除田边地头和渠埂上杂草和自生麦苗，降低越冬虫口和病源基数。培育壮苗，提高抗逆性。增施充分腐熟的有机肥料，配以叶面追肥，均衡施肥。

6.4.5 物理防治

采用灯光诱杀、色板（带）诱条或性诱剂等物理诱捕，控制鳞翅目、同翅目害虫。

6.4.6 生物防治

积极保护利用天敌昆虫如七星瓢虫、草蛉等，控制蚜虫为害。

6.4.7　化学防治

6.4.7.1　防治蚜虫

当百株蚜虫量达500头以上时，每亩用10%吡虫啉可湿性粉剂6～10g，或5%天然除虫菊素乳油25mL等药剂喷雾。

6.4.7.2　防治白粉病、锈病

在发病初期，每亩用35%甲硫·氟环唑悬浮剂93～100mL，或25%丙环唑乳油30～40mL，80%戊唑醇水分散粒剂6g，或20%三唑酮乳油1 000倍液，或80%粉唑醇可湿性粉剂6～10g等药剂喷雾。各种药剂轮换交替使用。

7　复播油葵

7.1　播前准备

7.1.1　施肥整地

在麦熟前10～15天灌麦黄水。翻地前撒施基肥，每亩施腐熟农家肥1～1.5t，磷酸二铵15kg等相同量的肥料。深翻土地，深度为20～25cm，整地质量达到"平、松、碎、齐、净、墒"六字标准。

7.1.2　品种选择

种子质量应符合GB 4407.2的要求，选择生育期短、早熟抗病高产、出油率高的品种，以NK858、新葵杂10号等为主栽品种。

7.1.3　种子处理

用种子重量0.3%的50%腐霉利可湿性粉剂或50%多菌灵可湿性粉剂，或种子重量0.3%的80%烯酰吗啉水分散粒剂或72%

霜脲·锰锌可湿性粉剂等防治油葵白锈病、菌核病等，同时剔除杂粒、病粒。包衣种子播种前3～5天，将种子晾晒1～2天。

7.2　播种

7.2.1　播种期

小麦收后及时播种。

7.2.2　播种量

亩播种量0.4～0.5kg。

7.2.3　播种方法

采用气播机点播，行距50cm，播深2.5～3cm。

7.2.4　播种质量要求

播量准确，播深一致，下籽均匀，不重不漏，播行端直，覆土严密。

7.3　田间管理

7.3.1　中耕除草

中耕2次。第一次在显行时进行，中耕深度为6～8cm；定苗后及时进行第二次中耕培土，中耕深度为6～10cm。

7.3.2　追肥

在现蕾前开沟，每亩追施尿素15～20kg等相同量的肥料；在现蕾后，每亩叶面喷施99%磷酸二氢钾水溶性肥料25～40g等相同量的肥料1次。

7.3.3　灌水

全生育期灌水2～4次。在油葵现蕾、开花和灌浆3个关键时期合理灌水。开始现蕾时及时灌头水，头水应灌足；15~20天后灌第二水。灌浆期出现旱情时及时灌1~2次水。

7.4 病虫害防治

7.4.1 农业防治

选用抗病品种，合理施肥与灌水。

7.4.2 化学防治

7.4.2.1 霜霉病、白锈病防治

在发病初期，每亩用80%烯酰吗啉水分散粒剂19~25g、72%霜脲·锰锌可湿性粉剂133~167g、64%噁霜·锰锌可湿性粉剂170~200g、69%烯酰·锰锌可湿性粉剂100~133g，或68%精甲霜·锰锌水分散粒剂100~120g等药剂喷雾。药剂轮换交替使用。

7.4.2.2 菌核病防治

在发病初期，用50%腐霉利1 000~1 200倍液、50%多菌灵可湿性粉剂500倍液等药剂喷雾。药剂轮换交替使用。

7.4.2.3 黑茎病防治

在发病初期，用50%多菌灵可湿性粉剂1 500倍液、70%甲基硫菌灵可湿性粉剂800倍液、64%噁霜·锰锌1 000倍液、或40%多硫悬浮剂800倍液等药剂喷雾。药剂轮换交替使用。

8 收获

冬小麦：麦粒完熟期以后，在颖壳变黄、变干时及时机械收割。

油葵：霜后即可收获。

9 包装与贮运

9.1 包装

应符合NY/T 658的要求。

9.2 贮运

应符合NY/T 1056的要求。

绿色食品　冬小麦复播大豆栽培技术规程

1　范围

本规程规定了绿色食品A级冬小麦复播大豆栽培的技术指标、产地环境、茬口安排、冬小麦栽培、复播大豆栽培、收获、包装与贮运的要求。

本规程适用于伊犁州直年≥10℃有效积温3 150～3 500℃，无霜期140～160天的区域。

2　规范性引用文件

下列文件对于本文件的应用是必不可少的。凡是注日期的引用文件，仅所注日期的版本适用于本文件。凡是不注日期的引用文件，其最新版本（包括所有的修改单）适用于本文件。

GB 4404.1　粮食作物种子　第1部分：禾谷类

GB 4404.2　粮食作物种子　第2部分：豆类

NY/T 391　绿色食品　产地环境质量

NY/T 393—2013　绿色食品　农药使用准则

NY/T 394—2013　绿色食品　肥料使用准则

NY/T 658　绿色食品　包装通用准则

NY/T 1056　绿色食品　贮藏运输准则

3　技术指标

3.1　冬小麦

基本苗：每亩32万～36万株；

最高总茎数：每亩80万～90万株；

成穗数：每亩40万～45万株；

千粒重：40～45g；

产量：亩产450～500kg。

3.2　大豆

株数：每亩2.67万～3万株；

百粒重：16～18g；

产量：亩产150～180kg。

4　产地要求

4.1　环境条件

应符合NY/T 391的要求。

4.2　气候条件

无霜期140～160天，≥10℃积温3 150～3 500℃。

4.3　土壤条件

选择土壤肥力中等以上，耕层深厚，结构良好，地面平整，排灌良好，有机质含量≥2%，碱解氮含量≥60mg/kg，速效磷含量≥6mg/kg的壤土或沙壤土为宜。

5　茬口安排

冬小麦：9月中下旬至10月中旬播种，翌年7月上中旬收获。

大豆：7月上中旬播种，10月中下旬收获。

6　冬小麦栽培

6.1　播前准备

6.1.1　灌底墒水

播前灌好底墒水，每亩灌水量为80～100m³，灌水均匀，不冲不漏，保证灌水质量。

6.1.2　施基肥

肥料使用应符合NY/T 394的要求。每亩施优质腐熟有机肥2～3t、尿素10～12kg、磷酸二铵15～18kg、钾肥4～6kg等相同量的肥料。有机肥与化肥翻混施，翻地前均匀地撒于地面。若施用生物菌肥，化肥总量应减少10%～15%。

6.1.3　深翻

茬地、休闲地、绿肥地均要深耕，耕深28～30cm。秋翻地用旋耕机整地即可，深度以20cm为宜。

6.1.4　整地

整地质量要达到"平、松、碎、齐、净、墒"六字标准。

6.1.5　品种选择

种子质量应符合GB 4404.1的要求，选择选择品质好、抗病、抗倒、适应性强的冬麦品种，主要以新冬41号、新冬42号、新冬52号、伊农21号、伊农18号等为主。

6.1.6 种子处理

针对小麦锈病，每100kg种子用戊唑醇可湿性粉剂100~200g等药剂拌种。

针对小麦雪腐雪霉病，每100kg种子用2.5%咯菌腈悬浮种衣剂200mL，或9%氟环·咯·苯甲悬浮种衣剂200mL等药剂拌种。

6.2 播种

6.2.1 播种期

最适播期为9月26日至10月10日。

6.2.2 播种量

每亩播种量为20~25kg。

6.2.3 播种方法

采用机械沟播，行距15cm，播深3~4cm。

6.2.4 带肥下种

带肥下种播种时，每亩施种肥磷酸二铵5~8kg。肥、种分箱分施，肥与种子不得混合。

6.2.5 播种质量

达到播深一致，下种均匀，播行端直，覆土严密，镇压严实。

6.3 田间管理

6.3.1 查苗补种

小麦齐苗后，对于因机播时排种管堵塞而造成的较大面积漏播的空地和空行，应进行催芽补种。

6.3.2 冬前管理

6.3.2.1 浇越冬水

在11月中旬浇越冬水，每亩灌水量为60~70m³。

6.3.2.2 化控

对生长过旺的麦田，每亩喷施15%多效唑可湿性粉剂50~60mL，兑水30kg喷雾。

6.3.2.3 防牲畜啃青

严禁牲畜在麦田啃青。

6.3.3 返青至拔节期管理

6.3.3.1 春耙

小麦进入返青期，一般在3月中旬，此时应及时春耙，耙深4~6cm。

6.3.3.2 因苗追肥

对冬前每亩总茎数不足40万株、麦苗长势弱的麦田和晚播麦田，结合灌水，每亩追施尿素5~8kg等相同量的肥料。

6.3.3.3 化控

在返青至拔节前，每亩喷施15%多效唑可湿性粉剂50~60mL，兑水30kg喷雾，防止旺长麦田后期倒伏。

6.3.3.4 除草

在3月底及时除草。每亩用15%炔草酯可湿性粉剂20~25g，或70%氟唑磺隆水分散粒剂60~80mL，兑水30kg喷雾，防除禾本科杂草。每亩用20%氯氟吡氧乙酸乳油50~66mL，50g/L双氟磺草胺悬浮剂20mL+56% 2甲4氯钠可溶粉剂40g等药剂，兑水30kg喷雾，防除阔叶杂草。

6.3.3.5　灌头水

在4月中旬小麦进入拔节期，此时应及时灌小麦的第一水，每亩灌水量为60~70m³。

6.3.3.6　追肥

结合小麦头水，每亩追施尿素10kg等相同量的肥料。

6.3.4　孕穗至抽穗期管理

6.3.4.1　灌水

在孕穗期灌第二次水，每亩灌水量为60~70m³。

6.3.4.2　追肥

结合二水，每亩追施尿素5~8kg等相同量的肥料。

6.3.4.3　叶面喷肥

每亩喷施95%磷酸二氢钾50~80g等相同量的叶面喷施肥料，兑水30kg喷雾。

6.3.5　扬花期管理

6.3.5.1　灌水

在扬花后12~15天灌第三次水，每亩灌水量为60~80m³。

6.3.5.2　去草、去劣

要及时进行人工拔除大草和去杂去劣工作，促进小麦正常生长。

6.3.6　灌浆至成熟期管理

6.3.6.1　叶面喷肥

在灌浆初期，每亩喷施95%磷酸二氢钾150~180g等相同量的叶面喷施肥料，兑水30kg喷雾。

6.3.6.2 灌麦黄水

在成熟前10～15天灌麦黄水，每亩灌水量为70～80m³。

6.4 病虫害防治

6.4.1 施药原则

农药使用应符合NY/T 393的要求。

6.4.2 综合防治

坚持"预防为主，综合防治"植保方针，以农业防治为基础，协调运用生物防治、物理防治、化学防治等防治技术，以期实现病虫害绿色防控。

6.4.3 植物检疫

实行严格的检疫制度，分别对本地冬小麦制种田、外地调进的冬麦种子实行产地检疫和调运检疫，确保冬小麦种子无检疫性有害生物。

6.4.4 农业防治

实行严格的轮作制度，与非禾本科作物进行轮作。选用抗病品种。铲除田边地头和渠埂上杂草和自生麦苗，降低越冬虫口和病源基数。培育壮苗，提高抗逆性。增施充分腐熟的有机肥料，配以叶面追肥，均衡施肥。

6.4.5 物理防治

采用灯光诱杀、色板（带）诱条或性诱剂等物理诱捕，控制鳞翅目、同翅目害虫。

6.4.6 生物防治

积极保护利用天敌昆虫如七星瓢虫、草蛉等，控制蚜虫为害。

6.4.7　化学防治

6.4.7.1　防治蚜虫

当百株蚜虫量达500头以上时，每亩用10%吡虫啉可湿性粉剂6~10g，或5%天然除虫菊素乳油25mL等药剂喷雾。

6.4.7.2　防治白粉病、锈病

在发病初期，每亩用35%甲硫·氟环唑悬浮剂93~100mL，或25%丙环唑乳油30~40mL，80%戊唑醇水分散粒剂6g，或20%三唑酮乳油1 000倍液，或80%粉唑醇可湿性粉剂6~10g等药剂喷雾。各种药剂轮换交替使用。

7　复播大豆栽培

7.1　播前准备

7.1.1　浇水

在小麦收获前10~15天浇麦黄水，做到一水两用。或采用大豆先干播后浇水的方式。

7.1.2　施肥整地

结合耕地撒施基肥，每亩施腐熟有机肥1~2t、磷酸二铵15kg等相同量的肥料。深翻土地，深度为25~30cm，整地质量达到"平、松、碎、齐、净、墒"六字标准。

7.1.3　选用品种

种子质量应符合GB 4404.2的要求，选用发芽率高，早熟性明显，抗病性、适应性强，产量高的品种。以黑河45号、黑河50号、华疆2号、华疆4号等为主栽品种。

7.1.4 土壤处理

在播后苗前，用50%乙草胺乳油500倍液等药剂喷雾进行封闭处理。

7.2 播种

7.2.1 播种期

7月上旬至7月中旬。

7.2.2 播种量

条播每亩播种量为8~10kg，穴播每亩播种量为6~8kg。

7.2.3 播种方法

采用等行距条播或穴播，行距45cm，株距4~5cm，播深2~3cm。

7.2.4 播种质量要求

播量准确，播深一致，下籽均匀，不重不漏，播行端直，覆土严密。

7.3 田间管理

7.3.1 中耕除草

在苗高10~12cm时进行第一次中耕，中耕深度为14~16cm；在现蕾开花初期，进行第二次中耕，中耕、开沟、培土1次进行。

7.3.2 灌溉

大豆全生育期需灌水1~2次。在盛花期，每亩灌水量为80~100m³。必要时浇第二水，每亩灌水量为60~80m³。

7.3.3 病虫害防治

在发病初期，用70%代森锰锌可湿性粉剂800倍液、64%噁霜·锰锌可湿性粉剂600～800倍液等药剂喷雾防治大豆霜霉病；用50%腐霉利可湿性粉剂1 000倍液、50%多菌灵可湿性粉剂500倍液，或50%甲基硫菌灵可湿性粉剂500倍液等药剂喷雾防治大豆菌核病。

在虫害发生初期，用20%乙螨唑悬浮剂10 000倍液，或34%螺螨酯悬浮剂5 000～6 000倍液等药剂喷雾防治螨类；用10%吡虫啉可湿性粉剂2 000倍液，或5%天然除虫菊素乳油等500倍液喷雾防治蚜虫等。

8 收获

冬小麦：麦粒蜡熟期以后，在颖壳变黄、变干时及时机械收割。

复播大豆：在大豆茎秆开始发黄、叶片开始脱落时及时收获。

9 包装与贮运

9.1 包装

应符合NY/T 658的要求。

9.2 贮运

应符合NY/T 1056的要求。

绿色食品 甜（糯）玉米复播青萝卜栽培技术规程

1 范围

本规程规定了绿色食品A级甜（糯）玉米复播青萝卜技术指标、产地要求、茬口安排、玉米栽培、复播青萝卜栽培、收获、包装与贮运的要求。

本规程适用于伊犁州直有效积温≥10℃达到3 100℃以上条件的种植基地。

2 规范性引用文件

下列文件对于本文件的应用是必不可少的。凡是注日期的引用文件，仅所注日期的版本适用于本文件。凡是不注日期的引用文件，其最新版本（包括所有的修改单）适用于本文件。

GB 4404.1 粮食作物种子 第1部分：禾谷类

GB 16715.1 瓜菜作物种子 第1部分：瓜类

NY/T 391 绿色食品 产地环境质量

NY/T 393—2013 绿色食品 农药使用准则

NY/T 394—2013 绿色食品 肥料使用准则

NY/T 658 绿色食品 包装通用准则

NY/T 1056 绿色食品 贮藏运输准则

3　技术指标

3.1　甜（糯）玉米

基本株数：每亩4 000～5 000株；

单穗鲜重：230～270g；

鲜重产量：亩产1 000～1 250kg。

3.2　青萝卜

基本株数：每亩4 000～5 000株；

单棵重：1～1.2kg；

产量：亩产4 000～5 000kg。

4　产地要求

4.1　环境条件

应符合NY/T 391的要求。

4.2　土壤条件

选择土壤肥力中等以上，耕层深厚，结构良好，地面平整，排灌良好，有机质含量≥2%，碱解氮含量≥60mg/kg，速效磷含量≥6mg/kg的壤土或沙壤土为宜。

5　时间要求

甜（糯）玉米：4月上中旬播种，7月中下旬收获。

青萝卜：8月上中旬播种，10月中下旬收获。

6 甜（糯）玉米栽培

6.1 播种准备

6.1.1 选地

宜选用土壤肥力中上等，土层深厚、壤土或沙壤、排灌方便的地块，400m范围内不宜种植不同类型和不同品种玉米，以防串粉影响品质。尽量避免连作。

6.1.2 实施秋翻冬灌

实施秋翻冬灌，每亩灌水量为60～70m³，灌水均匀，不冲不漏，保证灌水质量。

6.1.3 施基肥

肥料使用应符合NY/T 394的要求。每亩施腐熟有机肥2～3t，尿素10～15kg，磷酸二铵20～25kg，硫酸钾8～10kg等相同量的肥料。有机肥与化肥翻混施，翻地前均匀地撒于地面，深翻25～30cm施入。

6.1.4 整地

秋翻冬灌地用旋耕机整地即可，深度以20cm为宜。整地质量应达到"平、松、碎、齐、净、墒"六字标准。

6.1.5 品种选择

种子质量应符合GB 4404的要求，选择品质优、产量高、抗性好、适应性广的三宝早脆玉、珍甜、甜糯等甜玉米和黄粘5号、澳早60、超糯2000、雪糯2号、京科糯628等糯玉米品种。

6.1.6　种子处理

农药使用应符合NY/T 393的要求。每100kg种子用2%戊唑醇湿拌种剂200～300g拌种，防治玉米瘤黑粉病。每100kg种子用60%吡虫啉悬浮剂500～600mL或30%噻虫嗪悬浮剂200～300mL等，兑水1kg进行拌种，防治地下害虫兼治蚜虫。

6.1.7　播前土壤处理

在播种前，每亩用72%异丙甲草胺乳油50g，或50%乙草胺乳油100g，兑水30～50kg喷施到土壤表层，喷药后及时深耙8～10cm，形成药土层。如覆膜种植，药量酌情减少。

6.2　播种

6.2.1　播种期

根据加工和上市时间适期播种，一般在4月上中旬。

6.2.2　播种量

每亩播种量为2.2～2.6kg。

6.2.3　播种方法

采用气吸式精量播种机播种，株距25～28cm，行距55～60cm。要求要求播行端直，不重不漏，下粒均匀，深浅一致，覆土严密，镇压严实。

6.3　田间管理

6.3.1　间、定苗

在2～4片叶时定苗，株距25～28cm，每穴留1株，缺苗处留双株，去弱苗、病苗留壮苗。

6.3.2　中耕除草

中耕2～3次。苗期进行第一次人工锄草，锄小、锄净。拔节期结合中耕和开沟进行第二次人工锄草，顺行拔除大草。

6.3.3　去除分蘖

甜（糯）玉米应结合田间管理及早去除分蘖。

6.3.4　追肥

小喇叭口期追肥，每亩施尿素15～20kg，结合中耕开沟，沟施或人工穴施，深度为15cm。施肥后浇水，以发挥肥效。

6.3.5　灌水

全生育期灌水2～3次。在小喇叭口期灌头水，抽雄期灌第二水，每次每亩灌水量为70～80m³。采摘鲜食甜（糯）玉米前15～20天灌第三水，每亩灌水量为60～70m³。

6.4　病虫害防治

6.4.1　防治原则

坚持"农业防治、物理防治为主，生物化学防治为辅"的无害化治理原则，农药使用应符合NY/T 393的要求。

6.4.2　农业防治

选用抗（耐）病虫品种，减轻玉米病虫害为害；采用机械收获，秸秆粉碎还田，改善土壤理化性能，破坏玉米螟及其他地下害虫寄生环境；合理安排茬口，压低病虫源基数；及时清除田边地头杂草，消灭早期玉米叶螨栖息场所。

6.4.3　物理防治

在玉米螟越冬代成虫羽化期，采用频振式杀虫灯、性诱剂等措施诱杀玉米螟成虫。

6.4.4　化学防治

在苗期，用70%吡虫啉水分散粒剂100倍液，或30%噻虫嗪悬浮剂100倍液等药剂，拌麸皮等制作毒饵，诱杀地下害虫。

在一代玉米螟田间卵孵化盛期（玉米小喇叭口期），每亩用20%氯虫苯甲酰胺悬浮剂8～10mL，或40%氯虫·噻虫嗪水分散粒剂8g等药剂进行田间喷雾防治。

在玉米叶螨点片发生时，每亩用24%螺螨酯悬浮剂10mL，或5%噻螨酮乳油1 500～2 000倍液等药剂进行喷雾，重点喷洒田块周边玉米植株中下部叶片背面。

7　复种青萝卜

7.1　播前准备

7.1.1　施肥

在甜（糯）玉米收后，每亩施入充分腐熟的有机肥2～3t、尿素10～12kg、磷酸二铵15～20kg等相同量的肥料。

7.1.2　灌水

及时灌跑马水，每亩灌水量为50～60m^3。

7.1.3　犁地

及时深翻，深翻25～30cm。

7.1.4　整地

及时整地，整地质量应达到"平、松、碎、齐、净、墒"六字标准。

7.1.5　种子选择

种子选择应符合GB 16715.1的要求，选择抗病强、丰产、早熟品种，以大青皮、翘头青等为主栽品种。

7.2　播种

7.2.1　播期

抢墒播种，在8月上中旬播种。

7.2.2　播种方式

一般条播，行距50cm，株距28~30cm。

7.2.3　播量

每亩播种量为0.5~0.6kg。

7.3　田间管理

7.3.1　定苗

当玉米生长至5~6片真叶时进行定苗，每隔28~30cm定苗1株。

7.3.2　中耕除草

第一次结合定苗中耕，要浅耕；第二次结合培土深耕，及时培土，防止倒苗。

7.3.3　追肥

每亩追施尿素10~15kg、磷酸二氢钾肥料8~10kg等相同量的肥料。

7.3.4　浇水

萝卜幼苗生长前期少灌水。在根茎开始膨大时浇足基水，保持土壤湿润，生育期浇2～3次水。

7.4　病虫害防治

7.4.1　防治原则

坚持"农业防治、物理防治为主，生物化学防治为辅"的无害化治理原则，农药使用应符合NY/T 393的要求。

7.4.2　农业防治

选用高抗品种。实行严格的轮作制度，与禾本科作物等轮作。增施充分腐熟的有机肥料，配以叶面追肥，均衡施肥。

7.4.3　物理防治

采用黑光灯、频振式杀虫灯等进行诱杀鳞翅目害虫成虫。采用黄板诱蚜等，防控其为害。

7.4.4　生物防治

7.4.4.1　虫害防治

每亩1.5%天然除虫菊素水乳剂1 000～1 500倍液、7.5%鱼藤酮乳油1 500倍液、70%吡虫啉水分散粒剂1.5～2g等药剂喷雾，防治黄曲跳甲、菜青虫和蚜虫等。

7.4.4.2　病害防治

用70%甲基硫菌灵可湿性粉剂1 000倍液、50%多菌灵可湿性粉剂1 000倍液等进行灌根，防治青萝卜软腐病、黑腐病。

8 收获

甜（糯）玉米：一般在授粉后20~25天及时采收。

青萝卜：在肉质根充分膨大后及时采收。

9 包装与贮运

9.1 包装

应符合NY/T 658的要求。

9.2 贮运

应符合NY/T 1056的要求。

绿色食品　春小麦复播大白菜栽培技术规程

1　范围

本规程规定了绿色食品A级春小麦复播大白菜栽培的技术指标、产地环境、选地整地、期间管理、病虫害防治　秋翻冬灌、收获、包装与贮运的要求。

本规程适用于伊犁州直有效积温≥10℃达到3 100℃以上的种植区域。

2　规范性引用文件

下列文件对于本文件的应用是必不可少的。凡是注日期的引用文件，仅所注日期的版本适用于本文件。凡是不注日期的引用文件，其最新版本（包括所有的修改单）适用于本文件。

GB 4404.1　粮食作物种子　第1部分：禾谷类

GB 16715.2　瓜菜类种子　第2部分：白菜类

NY/T 391　绿色食品　产地环境质量

NY/T 393—2013　绿色食品　农药使用准则

NY/T 394—2013　绿色食品　肥料使用准则

NY/T 658　绿色食品　包装通用准则

NY/T 1056　绿色食品　贮藏运输准则

3　技术指标

基本苗：每亩40万～45万株；

最高总茎数：每亩60万～70万株；

成穗数：每亩38万～42万株；

穗粒数：每穗35～38粒；

千粒重：40～43g；

产量：亩产400～450kg。

4　产地要求

4.1　环境条件

应符合NY/T 391的要求。

4.2　土壤条件

选择土壤肥力中上等，耕层深厚，结构良好，地面平整，排灌良好，有机质含量≥1.5%，碱解氮含量≥60mg/kg，速效磷含量≥6mg/kg的壤土或沙壤土为宜。

5　茬口安排

春小麦：3月上中旬播种，7月中下旬收获。

大白菜：8月上旬播种，10月中下旬收获。

6　春小麦栽培

6.1　播种准备

6.1.1　施基肥

肥料使用应符合NY/T 394的要求。在翻耕前，每亩施优质腐熟有机肥2~3t、尿素8~10kg、磷酸二铵12~15kg、钾肥3~5kg等相同量的肥料。有机肥与化肥混施，均匀撒于地面。

6.1.2 秋翻冬灌

实行秋翻冬灌，耕深25cm，每亩灌水量为80~100m³。灌足底墒水，灌水均匀，不冲不漏，保证灌水质量。

6.1.3 整地

开春后及时整地，整地质量要达到"平、松、碎、齐、净、墒"六字标准。

6.1.4 品种选择

种子质量应符合GB 4404.1的要求，选择品质好、抗病、抗倒、适应性强的春小麦品种，以宁春16号、宁春17号、新春27号等为主。

6.1.5 种子处理

针对小麦锈病、白粉病、赤霉病，每100kg种子用戊唑醇可湿性粉剂100~200g，或25%多菌灵可湿性粉剂200~300g，或15%三唑酮可湿性粉剂200~300g等药剂拌种。

6.2 播种

6.2.1 播种期

适期早播。当开春土壤表层冻解5cm时播种。播种期一般在3月中下旬。

6.2.2 播种量

每亩播种量为25~30kg。

6.2.3 播种方法

机械条播，等行距播种，行距15cm，播深3～4cm。

6.2.4 带肥下种

带肥下种播种时，每亩施种肥磷酸二铵5～8kg。肥、种分箱分施，肥与种子不得混合。施肥深度为8～10cm。

6.2.5 播种质量

要求播行端直，行距准确，下种均匀，播深一致，保证苗齐苗全。

6.3 田间管理

6.3.1 灌水

全生育期灌水4～5次。在春小麦2叶1心时灌头水，二水要紧跟上，间隔10～15天，每亩灌水量为60～70m³。在二水后，间隔15～20天灌三水，每亩灌水量为70～80m³。在小麦扬花后15天灌四水，每亩灌水量为70～80m³。在收获前15～20天最后灌一次麦黄水。避免在高温天气和大风天气灌水，防止倒伏。

6.3.2 追肥

结合灌头水，每亩追施尿素5kg等相同量的肥料；结合灌二水，每亩追施尿素10kg等相同量的肥料。

6.3.3 除草

每亩用15%炔草酯可湿性粉剂20～25g，或70%氟唑磺隆水分散粒剂60～80mL，兑水30kg喷雾，防除禾本科杂草。

每亩用20%氯氟吡氧乙酸乳油50～66mL，或50g/L双氟磺草胺悬浮剂20mL+56% 2甲4氯钠可溶粉剂40g等药剂，兑水

30kg喷雾，防除阔叶杂草。

6.3.4 化控

在拔节前，每亩用15%多效唑可湿性粉剂50~60mL兑水30kg喷雾，或50%矮壮素乳油150g兑水20~30kg喷雾，预防后期倒伏。

6.3.5 叶面喷肥

在春小麦抽穗至灌浆期，每亩喷施磷酸二氢钾100~150g等相同量的叶面喷施肥料，加植物生长调节剂混合液，兑水30kg叶面喷施1~2次。

6.4 病虫害防治

6.4.1 施药原则

农药使用应符合NY/T 393的要求。

6.4.2 综合防治

坚持"预防为主，综合防治"植保方针，以农业防治为基础，协调运用生物防治、物理防治、化学防治等防治技术，以期实现病虫害绿色防控。

6.4.3 植物检疫

实行严格的检疫制度，对从外地调进的春小麦种子实行产地检疫和调运检疫，确保种子无检疫性有害生物。

6.4.4 农业防治

实行严格的轮作制度，与非禾本科作物进行轮作。选用抗病品种。铲除田边地头和渠埂上杂草和自生麦苗，降低越冬虫口和病源基数。培育壮苗，提高抗逆性。增施充分腐熟的有机肥料，配以叶面追肥，均衡施肥。

6.4.5 物理防治

采用灯光诱杀、色板（带）诱条或性诱剂等物理诱捕，控制鳞翅目、同翅目害虫。

6.4.6 生物防治

积极保护利用天敌昆虫如七星瓢虫、草蛉等，控制蚜虫为害。

6.4.7 化学防治

6.4.7.1 防治蚜虫

当百株蚜虫量达500头以上时，每亩用0.3%印楝素乳油40mL，或10%吡虫啉可湿性粉剂6～10g，或5%天然除虫菊素乳油25mL等药剂喷雾。

6.4.7.2 防治白粉病、锈病

在发病初期，每亩用35%甲硫·氟环唑悬浮剂93～100mL，或25%丙环唑乳油30～40mL，或80%戊唑醇水分散粒剂6g，或20%三唑酮乳油1 000倍液，或80%粉唑醇可湿性粉剂6～10g等药剂喷雾。各种药剂轮换交替使用。

6.4.7.3 防治赤霉病

在小麦扬花后3～5天，每亩用50%多菌灵可湿性粉剂100g，或70%甲基硫菌灵可湿性粉剂50～75g等药剂喷雾。

7　复种大白菜栽培

7.1　播前准备

7.1.1　种子选择

种子质量应符合GB 16715.2的要求，以小杂56、丰抗78、精纯改良青杂3号等为主栽品种。

7.1.2　施肥整地

在小麦收获后，每亩施入充分腐熟的有机肥2～3t、磷酸二铵20～30kg等相同量的肥料。均匀撒于地面，犁地翻入地下。整地质量达到"齐、平、墒、碎、净、松"六字标准。

7.1.3　高垄栽培

一般采用高垄栽培，垄高15～20cm。

7.2　播种

抢墒播种，每亩播种量为0.15～0.2kg。行距50cm，株距35～40cm，每亩基本苗3 000～3 500株。

7.3　田间管理

7.3.1　间定苗

播后3～4天即可出苗。在播后7～8天进行第一次间苗；在4叶期进行第二次间苗，每穴留2株；在6叶至7叶期定苗，每穴留1株壮苗。

7.3.2　中耕除草

封垄前要进行2～3次浅中耕除草，人工拔草，做到拔早、拔小，并及时培土，以利排灌。

7.3.3 追肥

肥料使用应符合NY/T 394的要求。根据土壤肥力和大白菜生长状况，可在莲座中期和结球中期分期追施。对较肥沃的地块，在莲座中期每亩追施尿素10～15kg或等量的其他追肥肥料。此外，还可叶面追肥，每亩喷施95%磷酸二氢钾150～180g等相同量的叶面喷施肥料，兑水30kg喷雾。

7.3.4 浇水

定棵之前适当控水，促进缓苗；莲座初期浇水，促进发棵；莲座中期结合施肥浇水1次；进入结球期应保持相对湿度60%～70%；后期要适当控水，促进包心。

7.4 病虫害防治

7.4.1 防治原则

坚持"预防为主，综合防治"植保方针，坚持以"农业防治、物理防治、生物防治为主，化学防治为辅"的无害化防治原则。农药使用应符合NY/T 393的要求。

7.4.2 农业防治

选用高抗品种。实行严格的轮作制度，与非十字花科作物等轮作。增施充分腐熟的有机肥料，配以叶面追肥，均衡施肥，绿色田园。

7.4.3 物理防治

采用黑光灯、频振式杀虫灯等进行诱杀鳞翅目等害虫成虫。采用黄板诱蚜等，防控其为害。

7.4.4　化学防治

7.4.4.1　药剂防治害虫

采用10%吡虫啉可湿性粉剂2 000～3 000倍液、5%天然除虫菊素乳油600倍液，或2.5%联苯菊酯乳油3 000倍液等药剂喷雾。

7.4.4.2　霜霉病

在发病初期，用72.2%霜霉威水剂400倍液，或50%烯酰吗啉1 500倍液等药剂喷雾。

7.4.4.3　软腐病

在发病初期，用150mg/kg硫酸链霉素或新植霉素3 000倍液等药剂喷雾。

8　收获

春小麦：在蜡熟期进行机械收获。

大白菜：待包心紧实，外叶还保持绿色即可采摘。

9　包装与贮运

9.1　包装

应符合NY/T 658的要求。

9.2　贮运

应符合NY/T 1056的要求。

附 件 我国绿色食品生产相关标准

绿色食品 产地环境质量

（NY/T 391—2013）

1 范围

本标准规定了绿色食品产地的术语和定义、生态环境要求、空气质量要求、水质要求、土壤质量要求。

本标准适用于绿色食品生产。

2 规范性引用文件

下列文件对于本文件的应用是必不可少的。凡是注日期的引用文件，仅注日期的版本适用于本文件。凡是不注日期的引用文件，其最新版本（包括所有的修改单）适用于本文件。

GB/T 5750.4 生活饮用水标准检验方法 感官性状和物理指标

GB/T 5750.5 生活饮用水标准检验方法 无机非金属指标

GB/T 5750.6 生活饮用水标准检验方法 金属指标

GB/T 5750.12 生活饮用水标准检验方法 微生物指标

GB/T 6920 水质 pH值的测定 玻璃电极法

GB/T 7467 水质 六价铬的测定 二苯碳酰二肼分光光度法

GB/T 7475 水质 铜、锌、铅、镉的测定 原子吸收分光光度法

GB/T 7484 水质 氟化物的测定 离子选择电极法

GB/T 7485　水质　总砷的测定　二乙基二硫代氨基甲酸银分光光度法

GB/T 7489　水质　溶解氧的测定　碘量法

GB 11914　水质　化学需氧量的测定　重铬酸盐法

GB/T 12763.4　海洋调查规范　第4部分：海水化学要素调查

GB/T 15432　环境空气　总悬浮颗粒物的测定　重量法

GB/T 17138　土壤质量　铜、锌的测定　火焰原子吸收分光光度法

GB/T 17141　土壤质量　铅、镉的测定　石墨炉原子吸收分光光度法

GB/T 22105.1　土壤质量　总汞、总砷、总铅的测定　原子荧光法　第1部分：土壤中总汞的测定

GB/T 22105.2　土壤质量　总汞、总砷、总铅的测定　原子荧光法　第2部分：土壤中总砷的测定

HJ 479　环境空气　氮氧化物（一氧化氮和二氧化氮）的测定　盐酸萘乙二胺分光光度法

HJ 480　环境空气　氟化物的测定　滤膜采样氟离子选择电极法

HJ 482　环境空气　二氧化硫的测定　甲醛吸收—副玫瑰苯胺分光光度法

HJ 491　土壤　总铬的测定　火焰原子吸收分光光度法

HJ 503　水质　挥发酚的测定　4-氨基安替比林分光光度法

HJ 505　水质　五日生化需氧量（BOD_5）的测定　稀释与接种法

HJ 597　水质　总汞的测定　冷原子吸收分光光度法

HJ 637　水质　石油类和动植物油类的测定　红外分光光度法

LY/T 1233　森林土壤有效磷的测定

LY/T 1236　森林土壤速效钾的测定

LY/T 1243　森林土壤阳离子交换量的测定

NY/T 53　土壤全氮测定法（半微量开氏法）

NY/T 1121.6　土壤检测　第6部分：土壤有机质的测定

NY/T 1377　土壤pH的测定

SL 355　水质　粪大肠菌群的测定—多管发酵法

3　术语和定义

下列术语和定义适用于本文件。

3.1　环境空气标准状态　ambient air standard state

指温度为273K，压力为101.325kPa时的环境空气状态。

4　生态环境要求

绿色食品生产应选择生态环境良好、无污染的地区，远离工矿区和公路、铁路干线，避开污染源。

应在绿色食品和常规生产区域之间设置有效的缓冲带或物理屏障，以防止绿色食品生产基地受到污染。

建立生物栖息地，保护基因多样性，物种多样性和生态系统多样性，以维持生态平衡。

应保证基地具有可持续生产能力，不对环境或周边其他生物产生污染。

5　空气质量要求

应符合表1要求。

表1　空气质量要求（标准状态）

项　目	指　标		检测方法
	日平均[a]	1小时[b]	
总悬浮颗粒物，mg/m³	≤0.30	—	GB/T 15432
二氧化硫，mg/m³	≤0.15	≤0.50	HJ 482
二氧化氮，mg/m³	≤0.08	≤0.20	HJ 479
氟化物，μg/m³	≤7	≤20	HJ 480

[a]　日平均指任何一日的平均指标。
[b]　1小时平均指任何一小时的指标。

6　水质要求

6.1　农田灌溉水质要求

农田灌溉用水，包括水培蔬菜和水生植物，应符合表2要求。

表2　农田灌溉水质要求

项　目	指　标	检测方法
pH	5.5～8.5	GB/T 6920
总汞，mg/L	≤0.001	HJ 597
总镉，mg/L	≤0.005	GB/T 7475
总砷，mg/L	≤0.05	GB/T 7485
总铅，mg/L	≤0.1	GB/T 7475

（续表）

项　目	指　标	检测方法
六价铬，mg/L	≤0.1	GB/T 7467
氟化物，mg/L	≤2.0	GB/T 7484
化学需氧量（CODcr），mg/L	≤60	GB 11914
石油类，mg/L	≤1.0	HJ 637
粪大肠菌群ª，个/L	≤10 000	SL 355

ª　灌溉蔬菜、瓜类和草本水果的地表水需测粪大肠菌群，其他情况不测粪大肠菌群。

6.2　渔业水质要求

渔业用水应符合表3要求。

表3　渔业水质要求

项　目	指　标		检测方法
	淡水	海水	
色、臭、味	不应有异色、异臭、异味		GB/T 5750.4
pH	6.5～9.0		GB/T 6920
溶解氧，mg/L	>5		GB/T 7489
生化需氧量（BOD₅），mg/L	≤5	≤3	HJ 505
总大肠菌群，MPN/100mL	≤500（贝类50）		GB/T 5750.12
总汞，mg/L	≤0.000 5	≤0.000 2	HJ 597
总镉，mg/L	≤0.005		GB/T 7475
总铅，mg/L	≤0.05	≤0.005	GB/T 7475
总铜，mg/L	≤0.01		GB/T 7475
总砷，mg/L	≤0.05	≤0.03	GB/T 7485

（续表）

项　目	指　标		检测方法
	淡水	海水	
六价铬，mg/L	≤0.1	≤0.01	GB/T 7467
挥发酚，mg/L	≤0.005		HJ 503
石油类，mg/L	≤0.05		HJ 637
活性磷酸盐（以P计），mg/L	—	≤0.03	GB/T 12763.4

水中漂浮物质需要满足水面不应出现油膜或浮沫要求。

6.3　畜禽养殖用水要求

畜禽养殖用水，包括养蜂用水，应符合表4要求。

表4　畜禽养殖用水要求

项　目	指　标	检测方法
色度[a]	≤15，并不应呈现其他异色	GB/T 5750.4
浑浊度[a]（散射浑浊度单位），NTU	≤3	GB/T 5750.4
臭和味	不应有异臭、异味	GB/T 5750.4
肉眼可见物[a]	不应含有	GB/T 5750.4
pH	6.5～8.5	GB/T 5750.4
氟化物，mg/L	≤1.0	GB/T 5750.5
氰化物，mg/L	≤0.05	GB/T 5750.5
总砷，mg/L	≤0.05	GB/T 5750.6
总汞，mg/L	≤0.001	GB/T 5750.6
总镉，mg/L	≤0.01	GB/T 5750.6
六价格，mg/L	≤0.05	GB/T 5750.6

（续表）

项　目	指　标	检测方法
总铅，mg/L	≤0.05	GB/T 5750.6
菌落总数ᵃ，CFU/mL	≤100	GB/T 5750.12
总大肠菌群，MPN/100mL	不得检出	GB/T 5750.12

ᵃ　散养模式免测该指标。

6.4　加工用水要求

加工用水包括食用菌生产用水、食用盐生产用水等，应符合表5要求。

表5　加工用水要求

项　目	指　标	检测方法
pH	6.5~8.5	GB/T 5750.4
总汞，mg/L	≤0.001	GB/T 5750.6
总砷，mg/L	≤0.01	GB/T 5750.6
总镉，mg/L	≤0.005	GB/T 5750.6
总铅，mg/L	≤0.01	GB/T 5750.6
六价铬，mg/L	≤0.05	GB/T 5750.6
氰化物，mg/L	≤0.05	GB/T 5750.5
氟化物，mg/L	≤1.0	GB/T 5750.5
菌落总数，CFU/mL	≤100	GB/T 5750.12
总大肠菌群，MPN/100mL	不得检出	GB/T 5750.12

6.5　食用盐原料水质要求

食用盐原料水包括海水、湖盐或井矿盐天然卤水，应符合表6要求。

表6 食用盐原料水质要求

项目	指标	检测方法
总汞，mg/L	≤0.001	GB/T 5750.6
总砷，mg/L	≤0.03	GB/T 5750.6
总镉，mg/L	≤0.005	GB/T 5750.6
总铅，mg/L	≤0.01	GB/T 5750.6

7 土壤质量要求

7.1 土壤环境质量要求

按土壤耕作方式的不同分为旱田和水田两大类，每类又根据土壤pH的高低分为三种情况，即pH<6.5、6.5≤pH≤7.5、pH>7.5。应符合表7要求。

表7 土壤质量要求

项目	旱田			水田			检测方法
	pH<6.5	6.5≤pH≤7.5	pH>7.5	pH<6.5	6.5≤pH≤7.5	pH>7.5	NY/T 1377
总镉，mg/kg	≤0.30	≤0.30	≤0.40	≤0.30	≤0.30	≤0.40	GB/T 17141
总汞，mg/kg	≤0.25	≤0.30	≤0.35	≤0.30	≤0.40	≤0.40	GB/T 22105.1
总砷，mg/kg	≤25	≤20	≤20	≤20	≤20	≤15	GB/T 22105.2
总铅，mg/kg	≤50	≤50	≤50	≤50	≤50	≤50	GB/T 17141

（续表）

项　目	旱田			水田			检测方法
	pH<6.5	6.5≤pH ≤7.5	pH>7.5	pH<6.5	6.5≤pH ≤7.5	pH>7.5	NY/T 1377
总铬，mg/kg	≤120	≤120	≤120	≤120	≤120	≤120	HJ 491
总铜，mg/kg	≤50	≤60	≤60	≤50	≤60	≤60	GB/T 17138

注1：果园土壤中铜限量值为旱田中铜限量值的2倍。
注2：水旱轮作的标准值取严不取宽。
注3：底泥按照水田标准执行。

7.2　土壤肥力要求

土壤肥力按照表8划分。

表8　土壤肥力分级指标

项目	级别	旱地	水田	菜地	园地	牧地	检测方法
有机质，g/kg	I	>15	>25	>30	>20	>20	NY/T 1121.6
	II	10~15	20~25	20~30	15~20	15~20	
	III	<10	<20	<20	<15	<15	
全氮，g/kg	I	>1.0	>1.2	>1.2	>1.0	—	NY/T 53
	II	0.8~1.0	1.0~1.2	1.0~1.2	0.8~1.0	—	
	III	<0.8	<0.8	<1.0	<0.8	—	
有效磷，Mg/kg	I	>10	>15	>40	>10	>10	LY/T 1233
	II	5~10	10~15	20~40	5~10	5~10	
	III	<5	<10	<20	<5	<5	

（续表）

项目	级别	旱地	水田	菜地	园地	牧地	检测方法
速效钾，Mg/kg	I	>120	>100	>150	>100	—	LY/T 1236
	II	80～120	50～100	100～150	50～100	—	
	III	<80	<50	<100	<50	—	
阳离子交换量，cmol（+）/kg	I	>20	>20	>20	>20	—	LY/T 1243
	II	15～20	15～20	15～20	15～20	—	
	III	<15	<15	<15	<15	—	
注：底泥、食用菌栽培基质不做土壤肥力检测。							

7.3 食用菌栽培基质质量要求

土培食用菌栽培基质按7.1执行，其他栽培基质应符合表9要求。

表9 食用菌栽培基质要求

项目	指标	检测方法
总汞，mg/kg	≤0.1	GB/T 22105.1
总砷，mg/kg	≤0.8	GB/T 22105.2
总镉，mg/kg	≤0.3	GB/T 17141
总铅，mg/kg	≤35	GB/T 17141

绿色食品　农药使用准则

（NY/T 393—2013）

1　范围

本标准规定了绿色食品生产和仓储中有害生物防治原则、农药选用、农药使用规范和绿色食品农药残留要求。

本标准适用于绿色食品的生产和仓储。

2　规范性引用文件

下列文件对于本文件的应用是必不可少的。凡是注日期的引用文件，仅注日期的版本适用于本文件。凡是不注日期的引用文件，其最新版本（包括所有的修改单）适用于本文件。

GB 2763　食品安全国家标准　食品中农药最大残留限量

GB/T 8321（所有部分）　农药合理使用准则

GB 12475　农药贮运、销售和使用的防毒规程

NY/T 391　绿色食品　产地环境质量

NY/T 1667（所有部分）　农药登记管理术语

3　术语和定义

NY/T 1667界定的以及下列术语和定义适用于本文件。

3.1　AA级绿色食品　AA grade green food

产地环境质量符合NY/T 391的要求，遵照绿色食品生产标准生产，生产过程中遵循自然规律和生态学原理，协调种植

业和养殖业的平衡，不使用化学合成的肥料、农药、兽药、渔药、添加剂等物质，产品质量符合绿色食品产品标准，经专门机构许可使用绿色食品标志的产品。

3.2 A级绿色食品 A grade green food

产地环境质量符合NY/T 391的要求，遵照绿色食品生产标准生产，生产过程中遵循自然规律和生态学原理，协调种植业和养殖业的平衡，限量使用限定的化学合成生产资料，产品质量符合绿色食品产品标准，经专门机构许可使用绿色食品标志的产品。

4 有害生物防治原则

4.1 以保持和优化农业生态系统为基础，建立有利于各类天敌繁衍和不利于病虫草害孳生的环境条件，提高生物多样性，维持农业生态系统的平衡。

4.2 优先采用农业措施，如抗病虫品种、种子种苗检疫、培育壮苗、加强栽培管理、中耕除草、耕翻晒垡、清洁田园、轮作倒茬、间作套种等。

4.3 尽量利用物理和生物措施，如用灯光、色彩诱杀害虫，机械捕捉害虫，释放害虫天敌，机械或人工除草等。

4.4 必要时，合理使用低风险农药。如没有足够有效的农业、物理和生物措施，在确保人员、产品和环境安全的前提下按照第5、6章的规定，配合使用低风险的农药。

5 农药选用

5.1 所选用的农药应符合相关的法律法规，并获得国家农药登记许可。

5.2　应选择对主要防治对象有效的低风险农药品种，提倡兼治和不同作用机理农药交替使用。

5.3　农药剂型宜选用悬浮剂、微囊悬浮剂、水剂、水乳剂、微乳剂、颗粒剂、水分散粒剂和可溶性粒剂等环境友好型剂型。

5.4　AA级绿色食品生产应按照A.1的规定选用农药及其他植物保护产品。

5.5　A级绿色食品生产应按照附录A的规定，优先从表A.1中选用农药。在表A.1所列农药不能满足有害生物防治需要时，还可适量使用A.2所列的农药。

6　农药使用规范

6.1　应在主要防治对象的防治时期，根据有害生物的发生特点和农药特性，选择适当的施药方式，但不宜采用喷粉等风险较大的施药方式。

6.2　应按照农药产品标签或GB/T 8321和GB 12475的规定使用农药，控制施药剂量（或浓度）、施药次数和安全间隔期。

7　绿色食品农药残留要求

7.1　绿色食品生产中允许使用的农药，其残留量应不低于GB 2763的要求。

7.2　在环境中长期残留的国家明令禁用农药，其再残留量应符合GB 2763的要求。

7.3　其他农药的残留量不应超过0.01mg/kg，并应符合GB 2763的要求。

附录A

（规范性附录）

绿色食品生产允许使用的农药和其他植保产品清单

A.1 AA级和A级绿色食品生产均允许使用的农药和其他植保产品清单

见表A.1。

表A.1 AA级和A级绿色食品生产均允许使用的农药和其他植保产品清单

类别	组分名称	备注
I.植物和动物来源	楝素（苦楝、印楝等提取物，如印楝素等）	杀虫
	天然除虫菊素（除虫菊科植物提取液）	杀虫
	苦参碱及氧化苦参碱（苦参等提取物）	杀虫
	蛇床子素（蛇床子提取物）	杀虫、杀菌
	小檗碱（黄连、黄柏等提取物）	杀菌
	大黄素甲醚（大黄、虎杖等提取物）	杀菌
	乙蒜素（大蒜提取物）	杀菌
	苦皮藤素（苦皮藤提取物）	杀虫
	藜芦碱（百合科藜芦属和喷嚏草属植物提取物）	杀虫
	桉油精（桉树叶提取物）	杀虫
	植物油（如薄荷油、松树油、香菜油、八角茴香油）	杀虫、杀螨、杀真菌、抑制发芽
	寡聚糖（甲壳素）	杀菌、植物生长调节
	天然诱集和杀线虫剂（如万寿菊、孔雀草、芥子油）	杀线虫

（续表）

类别	组分名称	备注
Ⅰ.植物和动物来源	天然酸（如食醋、木醋和竹醋等）	杀菌
	菇类蛋白多糖（菇类提取物）	杀菌
	水解蛋白质	引诱
	蜂蜡	保护嫁接和修剪伤口
	明胶	杀虫
	具有驱避作用的植物提取物（大蒜、薄荷、辣椒、花椒、薰衣草、柴胡、艾草的提取物）	驱避
	害虫天敌（如寄生蜂、瓢虫、草蛉等）	控制虫害
Ⅱ.微生物来源	真菌及真菌提取物（白僵菌、轮枝菌、木霉菌、耳霉菌、淡紫拟青霉、金龟子绿僵菌、寡雄腐霉菌等）	杀虫、杀菌、杀线虫
	细菌及细菌提取物（苏云金芽孢杆菌、枯草芽孢杆菌、蜡质芽孢杆菌、地衣芽孢杆菌、多黏类芽孢杆菌、荧光假单胞杆菌、短稳杆菌等）	杀虫、杀菌
	病毒及病毒提取物（核型多角体病毒、质型多角体病毒、颗粒体病毒等）	杀虫
	多杀霉素、乙基多杀菌素	杀虫
	春雷霉素、多抗霉素、井冈霉素、（硫酸）链霉素、嘧啶核苷类抗菌素、宁南霉素、申嗪霉素和中生菌素	杀菌
	S-诱抗素	植物生长调节
Ⅲ.生物化学产物	氨基寡糖素、低聚糖素、香菇多糖	防病
	几丁聚糖	防病、植物生长调节
	苄氨基嘌呤、超敏蛋白、赤霉酸、羟烯腺嘌呤、三十烷醇、乙烯利、吲哚丁酸、吲哚乙酸、芸薹素内酯	植物生长调节

（续表）

类别	组分名称	备注
IV.矿物来源	石硫合剂	杀菌、杀虫、杀螨
	铜盐（如波尔多液、氢氧化铜等）	杀菌，每年铜使用量不能超6kg/hm²
	氢氧化钙（石灰水）	杀菌、杀虫
	硫黄	杀菌、杀螨、驱避
	高锰酸钾	杀菌，仅用于果树
	碳酸氢钾	杀菌
	矿物油	杀虫、杀螨、杀菌
	氯化钙	仅用于治疗缺钙症
	硅藻土	杀虫
	黏土（如班脱土、珍珠岩、蛭石、沸石等）	杀虫
	硅酸盐（硅酸钠、石英）	驱避
	硫酸铁（3价铁离子）	杀软体动物
V.其他	氢氧化钙	杀菌
	二氧化碳	杀虫，用于贮存设施
	过氧化物类和含氯类消毒剂（如过氧乙酸、二氧化氯、二氯异氰尿酸钠、三氯异氰尿酸等）	杀菌，用于土壤和培养基质消毒
	乙醇	杀菌
	海盐和盐水	杀菌，仅用于种子（如稻谷等）处理
	软皂（钾肥皂）	杀虫
	乙烯	催熟等
	石英砂	杀菌、杀螨、驱避

（续表）

类别	组分名称	备注
V.其他	昆虫性外激素	引诱，仅用于诱捕器和散发皿内
	磷酸氢二铵	引诱，只限用于诱捕器中使用

注1：该清单每年都可能根据新的评估结果发布修改单。

注2：国家新禁用的农药自动从该清单中删除。

A.2　A级绿色食品生产允许使用的其他农药清单

当表A.1所列农药和其他植保产品不能满足有害生物防治需要时，A级绿色食品生产还可按照农药产品标签或GB/T 8321的规定使用下列农药：

a）杀虫剂

1）S-氰戊菊酯　esfenvalerate

2）吡丙醚　pyriproxifen

3）吡虫啉　imidacloprid

4）吡蚜酮　pymetrozine

5）丙溴磷　profenofos

6）除虫脲　diflubenzuron

7）啶虫脒　acetamiprid

8）毒死蜱　chlorpyrifos

9）氟虫脲　flufenoxuron

10）氟啶虫酰胺　flonicamid

11）氟铃脲　hexaflumuron

12）高效氯氰菊酯　beta-cypermethrin

13）甲氨基阿维菌素苯甲酸盐　emamectin benzoate

14）甲氰菊酯　fenpropathrin

15）抗蚜威　pinimicarb

16）联苯菊酯　bifenthrin

17）螺虫乙酯　spirotetramat

18）氯虫苯甲酰胺　chlorantraniliprole

19）氯氟氰菊酯　cyhalothrin

20）氯菊酯　permethrin

21）氯氰菊酯　cypermethrin

22）灭蝇胺　cyromazine

23）灭幼脲　chlorbenzuron

24）噻虫啉　thiacloprid

25）噻虫嗪　thiamethoxam

26）噻嗪酮　buprofezin

27）辛硫磷　phoxim

28）茚虫威　indoxacard

b）杀螨剂

1）苯丁锡　fenbutatin oxide

2）喹螨醚　fenazaquin

3）联苯肼酯　bifenazate

4）螺螨酯　spirodiclofen

5）噻螨酮　hexythiazox

6）四螨嗪　clofentezine

7）乙螨唑　etoxazole

8）唑螨酯　fenpyroximate

c）杀软体动物剂

四聚乙醛 metaldehyde

d）杀菌剂

1）吡唑醚菌酯 pyraclostrobin

2）丙环唑 propiconazol

3）代森联 metriam

4）代森锰锌 mancozeb

5）代森锌 zineb

6）啶酰菌胺 boscalid

7）啶氧菌酯 picoxystrobin

8）多菌灵 carbendazim

9）噁霉灵 hymexazol

10）噁霜灵 oxadixyl

11）粉唑醇 flutriafol

12）氟吡菌胺 fluopicolide

13）氟啶胺 fluazinam

14）氟环唑 epoxiconazole

15）氟菌唑 triflumizole

16）腐霉利 procymidone

17）咯菌腈 fludioxonil

18）甲基立枯磷 tolclofos-methyl

19）甲基硫菌灵 thiophanate-methyl

20）甲霜灵 metalaxyl

21）腈苯唑 fenbuconazole

22）腈菌唑 myclobutanil

23）精甲霜灵 metalaxyl-M

24）克菌丹 captan

25）醚菌酯 kresoxim-methyl

26）嘧菌酯 azoxystrobin

27）嘧霉胺 pyrimethanil

28）氰霜唑 cvazofamid

29）噻菌灵 thiabendazole

30）三乙膦酸铝 fosetyl-aluminium

31）三唑醇 triadmenol

32）三唑酮 triadimefon

33）双炔酰菌胺 mandipropamid

34）霜霉威 propamocarb

35）霜脲氰 cymoxanil

36）萎锈灵 carboxin

37）戊唑醇 tebuconazole

38）烯酰吗啉 dimethomorph

39）异菌脲 iprodione

40）抑霉唑 imazalil

e）熏蒸剂

1）棉隆 dazomet

2）威百亩 metam-sodium

f）除草剂

1）2甲4氯 MCPA

2）氨氯吡啶酸 picloram

3）丙炔氟草胺 flumioxazin

4）草铵膦 glufosinate-ammonium

5）草甘膦 glyphosate

6）敌草隆　diuron

7）噁草酮　oxadiazon

8）二甲戊灵　pendimethalin

9）二氯吡啶酸　clopyralid

10）二氯喹啉酸　quinclorac

11）氟唑磺隆　flucarbazone-sodium

12）禾草丹　thiobencarb

13）禾草敌　molinate

14）禾草灵　diclofop-methyl

15）环嗪酮　hexazinone

16）磺草酮　sulcotrione

17）甲草胺　alachlor

18）精吡氟禾草灵　fluazifop-P

19）精喹禾灵　quizalofop-P

20）绿麦隆　chlortoluron

21）氯氟吡氧乙酸（异辛酸）　fluroxypyr

22）氯氟吡氧乙酸异辛酯　fluroxypyr-mepthyl

23）麦草畏　dicamba

24）咪唑喹啉酸　imazaquin

25）灭草松　bentazone

26）氰氟草酯　cyhalofop butyl

27）炔草酯　clodinafop-propargyl

28）乳氟禾草灵　lactofen

29）噻吩磺隆　thifensulfuron-methyl

30）双氟磺草胺　florasulam

31）甜菜安　desmedipham

32）甜菜宁　phenmedipham

33）西玛津　simazine

34）烯草酮　clethodim

35）烯禾啶　sethoxydim

36）硝磺草酮　mesotrione

37）野麦畏　tri-allate

38）乙草胺　acetochlor

39）乙氧氟草醚　oxyfluorfen

40）异丙甲草胺　metolachlor

41）异丙隆　isoproturon

42）莠灭净　ametryn

43）唑草酮　carfentrazone-ethyl

44）仲丁灵　butralin

g）植物生长调节剂

1）2,4-滴　2,4-D（只允许作为作物生长调节剂使用）

2）矮壮素　chlormequal

3）多效唑　paclobutrazol

4）氯吡脲　forchlorfenuuron

5）萘乙酸　1-naphthal acetic acid

6）噻苯隆　thidiazuron

7）烯效唑　uniconazole

注1：该清单每年都可能根据新的评估结果发布修改单。

注2：国家新禁用的农药自动从该清单中删除。

绿色食品　肥料使用准则

（NY/T 394—2013）

1　范围

本标准规定了绿色食品生产中肥料使用原则、肥料种类及使用规定。

本标准适用于绿色食品的生产。

2　规范性引用文件

下列文件对于本文件的应用是必不可少的。凡是注日期的引用文件，仅注日期的版本适用于本文件。凡是不注日期的引用文件，其最新版本（包括所有的修改单）适用于本文件。

GB 20287　农用微生物菌剂

NY/T 391　绿色食品　产地环境质量

NY 525　有机肥料

NY/T 798　复合微生物肥料

NY 884　生物有机肥

3　术语和定义

下列术语和定义适用于本文件。

3.1　AA级绿色食品　AA grade green food

产地环境质量符合NY/T 391的要求，遵照绿色食品生产标准生产，生产过程中遵循自然规律和生态学原理，协调种植业和养殖业的平衡，不使用化学合成的肥料、农药、兽药、渔药、添加剂等物质，产品质量符合绿色食品产品标准，经专门机构许可使用绿色食品标志的产品。

3.2　A级绿色食品　A grade green food

产地环境质量符合NY/T 391的要求，遵照绿色食品生产标准生产，生产过程中遵循自然规律和生态学原理，协调种植业和养殖业的平衡，限量使用限定的化学合成生产资料，产品质量符合绿色食品产品标准，经专门机构许可使用绿色食品标志的产品。

3.3　农家肥料　farmyard manure

就地取材，主要由植物和（或）动物残体、排泄物等富含有机物的物料制作而成的肥料。包括秸秆肥、绿肥、厩肥、堆肥、沤肥、沼肥、饼肥等。

3.3.1　秸秆　stalk

以麦秸、稻草、玉米秸、豆秸、油菜秸等作物秸秆直接还田作为肥料。

3.3.2　绿肥　green manure

新鲜植物体作为肥料就地翻压还田或异地施用。主要分为豆科绿肥和非豆科绿肥两大类。

3.3.3　厩肥　barnyard manure

圈养牛、马、羊、猪、鸡、鸭等畜禽的排泄物与秸秆等垫料发酵腐熟而成的肥料。

3.3.4　堆肥　compost

动植物的残体、排泄物等为主要原料，堆制发酵腐熟而成的肥料。

3.3.5 沤肥 waterlogged compost

动植物残体、排泄物等有机物料在淹水条件下发酵腐熟而成的肥料。

3.3.6 沼肥 biogas fertilizer

动植物残体、排泄物等有机物料经沼气发酵后形成的沼液和沼渣肥料。

3.3.7 饼肥 cake fertilizer

含油较多的植物种子经压榨去油后的残渣制成的肥料。

3.4 有机肥料 organic fertilizer

主要来源于植物和（或）动物，经过发酵腐熟的含碳有机物料，其功能是改善土壤肥力、提供植物营养、提高作物品质。

3.5 微生物肥料 microbial fertilizer

含有特定微生物活体的制品，应用于农业生产，通过其中所含微生物的生命活动，增加植物养分的供应量或促进植物生长，提高产量，改善农产品品质及农业生态环境的肥料。

3.6 有机—无机复混肥料 organic-inorganic compound fertilizer

含有一定量有机肥料的复混肥料。

注： 其中复混肥料是指氮、磷、钾三种养分中，至少有两种养分标明量的由化学方法和（或）掺混方法制成的肥料。

3.7 无机肥料 inorganic fertilizer

主要以无机盐形式存在，能直接为植物提供矿质营养的肥料。

3.8 土壤调理剂 soil amendment

加入土壤中用于改善土壤的物理、化学和（或）生物性状的物料，功能包括改良土壤结构、降低土壤盐碱危害、调节土壤酸碱度、改善土壤水分状况、修复土壤污染等。

4 肥料使用原则

4.1 持续发展原则。绿色食品生产中所使用的肥料应对环境无不良影响，有利于保护生态环境，保持或提高土壤肥力及土壤生物活性。

4.2 安全优质原则。绿色食品生产中应使用安全、优质的肥料产品，生产安全、优质的绿色食品。肥料的使用应对作物（营养、味道、品质和植物抗性）不产生不良后果。

4.3 化肥减控原则。在保障植物营养有效供给的基础上减少化肥用量，兼顾元素之间的比例平衡，无机氮素用量不得高于当季作物需求量的一半。

4.4 有机为主原则。绿色食品生产过程中肥料种类的选取应以农家肥料、有机肥料、微生物肥料为主，化学肥料为辅。

5 可使用的肥料种类

5.1 AA级绿色食品生产可使用的肥料种类

可使用3.3、3.4、3.5规定的肥料。

5.2 A级绿色食品生产可使用的肥料种类

除5.1规定的肥料外，还可使用3.6、3.7规定的肥料及3.8土壤调理剂。

6 不应使用的肥料种类

6.1 添加有稀土元素的肥料。

6.2 成分不明确的、含有安全隐患成分的肥料。

6.3 未经发酵腐熟的人畜粪尿。

6.4　生活垃圾、污泥和含有害物质（如毒气、病原微生物、重金属等）的工业垃圾。

6.5　转基因品种（产品）及其副产品为原料生产的肥料。

6.6　国家法律法规规定不得使用的肥料。

7　使用规定

7.1　AA级绿色食品生产用肥料使用规定

7.1.1　应选用5.1所列肥料种类，不应使用化学合成肥料。

7.1.2　可使用农家肥料，但肥料的重金属限量指标应符合NY 525的要求，粪大肠菌群数、蛔虫卵死亡率应符合NY 884的要求。宜使用秸秆和绿肥，配合施用具有生物固氮、腐熟秸秆等功效的微生物肥料。

7.1.3　有机肥料应达到NY 525技术指标，主要以基肥施入，用量视地力和目标产量而定，可配施农家肥料和微生物肥料。

7.1.4　微生物肥料应符合GB 20287或NY 884或NY/T 798的要求，可与5.1所列其他肥料配合施用，用于拌种、基肥或追肥。

7.1.5　无土栽培可使用农家肥料、有机料肥和微生物肥料，掺混在基质中使用。

7.2　A级绿色食品生产用肥料使用规定

7.2.1　应选用5.2所列肥料种类。

7.2.2　农家肥料的使用按7.1.2的规定执行。耕作制度允许情况下，宜利用秸秆和绿肥，按照约25∶1的比例补充化学氮素。厩肥、堆肥、沤肥、沼肥、饼肥等农家肥料应完全腐熟，肥料的重金属限量指标应符合NY 525的要求。

7.2.3　有机肥料的使用按7.1.3的规定执行。可配施5.2所列其他肥料。

7.2.4　微生物肥料的使用按7.1.4的规定执行。可配施5.2所列其他肥料。

7.2.5　有机—无机复混肥料、无机肥料在绿色食品生产中作为辅助肥料使用，用来补充农家肥料、有机肥料、微生物肥料所含养分的不足。减控化肥用量，其中无机氮素用量按当地同种作物习惯施肥用量减半使用。

7.2.6　根据土壤障碍因素，可选用土壤调理剂改良土壤。

绿色食品　包装通用准则

（NY/T 658—2015）

1　范围

本标准规定了绿色食品包装的术语和定义、基本要求、安全卫生要求、生产要求、环保要求、标志与标签要求和标识、包装、贮存与运输要求。

本标准适用于绿色食品包装的生产与使用。

2　规范性引用文件

下列文件对于本文件的应用是必不可少的。凡是注日期的引用文件，仅注日期的版本适用于本文件。凡是不注日期的引用文件，其最新版本（包括所有的修改单）适用于本文件。

GB 11680　食品包装用原纸卫生标准

GB 14147　陶瓷包装容器铅、镉溶出允许极限

GB/T 16716.1　包装与包装废弃物　第1部分：处理和利用通则

GB/T 18455　包装回收标志

GB 19778　包装玻璃容器　铅、镉、砷、锑溶出允许限量

GB/T 23156　包装　包装与环境术语

GB 23350　限制商品过度包装要求　食品和化妆品

GB/T 23887　食品包装容器及材料生产企业通用良好操作规范

中国绿色食品商标标志设计使用规范手册

3 术语和定义

GB/T 23156 界定的以及下列术语和定义适用于本文件。

3.1 绿色食品包装 package for green food

是指包裹、盛装绿色食品的各种包装材料、容器及其辅助物的总称。

4 基本要求

4.1 应根据不同绿色食品的类型、性质、形态和质量特性等，选用符合本标准规定的包装材料并使用合理的包装形式来保证绿色食品的品质。同时利于绿色食品的运输、贮存，并保障物流过程中绿色食品的质量安全。

4.2 需要进行密闭包装的应包装严密，无渗漏；要求商业无菌的罐头食品，空罐应达到减压或加压试漏检验要求，实罐卷边封口质量和焊缝质量完好，无泄漏。

4.3 包装的使用应实行减量化，包装的体积和重量应限制在最低水平，包装的设计、材料的选用及用量应符合GB 23350的规定。

4.4 宜使用可重复使用、可回收利用或生物降解的环保包装材料、容器及其辅助物，包装废弃物的处理应符合GB/T 16716.1的规定。

5 安全卫生要求

5.1 绿色食品的包装应符合相应的食品安全国家标准和包装

材料卫生标准的规定。

5.2　不应使用含有邻苯二甲酸酯、丙烯腈和双酚A类物质的包装材料。

5.3　绿色食品的包装上印刷的油墨或贴标签的黏合剂不应对人体和环境造成危害，且不应直接接触绿色食品。

5.4　纸类包装应符合以下要求：

——直接接触绿色食品的纸包装材料或容器不应添加增白剂，其他指标应符合GB 11680的规定；

——直接接触绿色食品的纸包装材料不应使用废旧回收纸材；

——直接接触绿色食品的纸包装容器内表面不应有印刷，不应涂非食品级蜡、胶、油、漆等。

5.5　塑料类包装应符合以下要求：

——直接接触绿色食品的塑料包装材料和制品不应使用回收再用料；

——直接接触绿色食品的塑料包装材料和制品应使用无色的材料；

——酒精度含量超过20%的酒类不应使用塑料类包装容器；

——不应使用聚氯乙烯塑料。

5.6　金属类包装不应使用对人体和环境造成危害的密封材料和内涂料。

5.7　玻璃类包装的卫生性能应符合GB 19778的规定。

5.8　陶瓷包装应符合以下要求：

——卫生性能应符合GB 14147的规定。

——醋类、果汁类的酸性食品不宜使用陶瓷类包装。

6 生产要求

包装材料、容器及其辅助物的生产过程控制应符合GB/T 23887的规定。

7 环保要求

7.1 绿色食品包装中4种重金属（铅、镉、汞、六价铬）和其他危险性物质含量应符合GB/T 16716.1的规定。相应产品标准有规定的，应符合其规定。

7.2 在保护内装物完好无损的前提下，宜采用单一材质的材料、易分开的复合材料、方便回收或可生物降解材料。

7.3 不应使用含氟氯烃（CFS）的发泡聚苯乙烯（EPS）、聚氨酯（PUR）等产品作为包装物。

8 标志与标签要求

8.1 绿色食品包装上应印有绿色食品商标标志，其印刷图案与文字内容应符合《中国绿色食品商标标志设计使用规范手册》的规定。

8.2 绿色食品标签应符合国家法律法规及相关标准等对标签的规定。

8.3 绿色食品包装上应有包装回收标志，包装回收标志应符合GB/T 18455的规定。

9 标识、包装、贮存与运输要求

9.1 标识

包装制品出厂时应提供充分的产品信息，包括标签、说明书等标识内容和产品合格证明等。外包装应有明显的标识，直接接触绿色食品的包装还应注明"食品接触用""食品包装用"或类似用语。

9.2　包装

绿色食品包装在使用前应有良好的包装保护，以确保包装材料或容器在使用前的运输、贮存等过程中不被污染。

9.3　贮存与运输

9.3.1　绿色食品包装的贮存环境应洁净卫生，应根据包装材料的特点，选用合适的贮存技术和方法。

9.3.2　绿色食品包装不应与有毒有害、易污染环境等物质一起运输。

绿色食品 贮藏运输准则

（NY/T 1056—2006）

1 范围

本标准规定了绿色食品贮藏运输的要求。

本标准适用于绿色食品贮藏与运输。

2 规范性引用文件

下列文件中的条款通过本标准的引用而成为本标准的条款。凡是注日期的引用文件，其随后所有的修改单（不包括勘误的内容）或修订版均不适用于本标准，然而，鼓励根据本标准达成协议的各方研究是否可使用这些文件的最新版本。凡是不注明日期的引用文件，其最新版本适用于本标准。

NY/T 393 绿色食品 农药使用准则

NY/T 472 绿色食品 兽药使用准则

NY/T 658 绿色食品 包装通用准则

SC/T 9001 人造冰

3 要求

3.1 贮藏

3.1.1 贮藏设施的设计、建造、建筑材料

3.1.1.1 用于贮藏绿色食品的设施结构和质量应符合相应食品类别的贮藏设施设计规范的规定。

3.1.1.2　对食品产生污染或潜在污染的建筑材料与物品不应使用。

3.1.1.3　贮藏设施应具有防虫、防鼠、防鸟的功能。

3.1.2　贮藏设施周围环境

周围环境应清洁和卫生，并远离污染源。

3.1.3　贮藏设施管理

3.1.3.1　贮藏设施的卫生要求

a.设施及其四周要定期打扫和消毒。

b.贮藏设备及使用工具在使用前均应进行清理和消毒，防止污染。

c.优先使用物理或机械的方法进行消毒，消毒剂的使用应符合NY/T 393和NY/T 472的规定。

3.1.3.2　出入库

经检验合格的绿色食品才能出入库。

3.1.3.3　堆放

a.按绿色食品的种类要求选择相应的贮藏设施存放，存放产品应整齐。

b.堆放方式应保证绿色食品的质量不受影响。

c.不应与非绿色食品混放。

d.不应和有毒、有害、有异味、易污染物品同库存放。

e.保证产品批次清楚，不应超期积压，并及时剔除不符合质量和卫生标准的产品。

3.1.3.4　贮藏条件

应符合相应食品的温度、湿度和通风等贮藏要求。

3.1.4　保质处理

3.1.4.1　应优先采用紫外光消毒等物理与机械的方法和措施。

3.1.4.2 在物理与机械的方法和措施不能满足需要时，允许使用药剂，但使用药剂的种类、剂量和使用方法应符合NY/T 393和NY/T 472的规定。

3.1.5 管理和工作人员

3.1.5.1 应设专人管理，定期检查质量和卫生情况，定期清理、消毒和通风换气，保持洁净卫生。

3.1.5.2 工作人员应保持良好的个人卫生，且应定期进行健康检查。

3.1.5.3 应建立卫生管理制度，管理人员应遵守卫生操作规定。

3.1.6 记录

建立贮藏设施管理记录程序。

3.1.6.1 应保留所有搬运设备、贮藏设施和容器的使用登记表或核查表。

3.1.6.2 应保留贮藏记录，认真记载进出库产品的地区、日期、种类、等级、批次、数量、质量、包装情况、运输方式，并保留相应的单据。

3.2 运输

3.2.1 运输工具

3.2.1.1 应根据绿色食品的类型、特性、运输季节、距离以及产品保质贮藏的要求选择不同的运输工具。

3.2.1.2 运输应专车专用，不应使用装载过化肥、农药、粪土及其他可能污染食品的物品而未经清污处理的运输工具运载绿色食品。

3.2.1.3 运输工具在装入绿色食品之前应清理干净，必要时进行灭菌消毒，防止害虫感染。

3.2.1.4　运输工具的铺垫物、遮盖物等应清洁、无毒、无害。

3.2.2　运输管理

3.2.2.1　控温

a.运输过程中采取控温措施，定期检查车（船、箱）内温度以满足保持绿色食品品质所需的适宜温度。

b.保鲜用冰应符合SC/T 9001的规定。

3.2.2.2　其他

a.不同种类的绿色食品运输时应严格分开，性质相反和互相串味的食品不应混装在一个车（箱）中。不应与化肥、农药等化学物品及其他任何有害、有毒、有气味的物品一起运输。

b.装运前应进行食品质量检查，在食品、标签与单据三者相符合的情况下才能装运。

c.运输包装应符合NY/T 658的规定。

d.运输过程中应轻装、轻卸，防止挤压和剧烈震动。

e.运输过程应有完整的档案记录，并保留相应的单据。